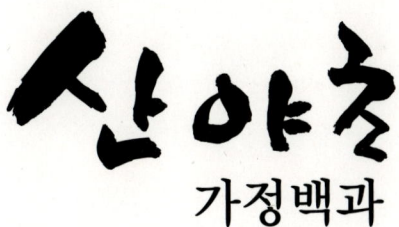

산야초
가정백과

약초인의 필독서
산야초 150가지 수록

가정백과

 김동해 지음

이담
Books

"행복과 건강은 나 스스로 만들어 가는 것"

인간은 누구나 건강하고 행복하게 살기를 원하고 있으며 그 노력 또한 끝이 없지만 "무병장수(無病長壽)"하기란 쉬운 일이 아닌 것 같다.

경제성장과 더불어 최근에는 건강에 대한 국민의 관심과 요구가 증가하여 나라마다 국민의 복지와 삶의 질 향상에 많은 예산을 편성하고 있으며, "웰빙"이라는 단어가 생활 필수 단어가 된 지도 오래다.

식(食)은 약이, 약(藥)은 식이라고 했듯이, 음식으로 못 고치는 병, 약으로도 못 고친다는 말처럼 우리의 식생활이 무병장수에 얼마나 중요한가를 알게 된다. 특히 요즘같이 인간을 위협하는 질병들이 난무하는 이유도 자연의 섭리를 거스르고 가공식품의 무분별한 섭취와 운동부족 등이 합쳐진 결과일 것이라는 생각을 해 보게 되며 생약시대에서 양약시대로, 또다시 생약시대로 돌아가고 있는 것이 현실이다.

"명의는 미병을 치료하지, 기병을 치료하지는 않는다."라고 한다. 즉, 예방하여 질병에 걸리지 않게 하는 것이 최고의 명의가 될 것이므로 약용식품의 기능적 역할

사상체질과 음양오행에 따른 몸 살리기 섭생법

을 잘 활용한다면 우리 모두는 명의가 될 것이다. 약초를 떠올리면 대부분의 사람들은 심산유곡의 산삼을 생각하게 될 것이다. 반면 우리의 생활 주변에 지천으로 널려 있는 먹거리나 산야초(山野草)를 생각하는 사람은 적은 게 현실이다.

우리가 매일 먹고 있는 음식이라 할지라도 알고 먹는 것과 모르고 먹는 것은 큰 차이가 있는데, 본 교재에서는 이제마 선생에 의하여 창안된 우리나라 고유의 체질의학인 사상체질과 음양오행, 약용식품을 이용한 효소의 효능과 담그는 법, 약으로 쓰기 위해 재배하는 약초들보다 들판과 산에 자생하는 산야초를 중심으로 약성과 약효를 초보자가 알기 쉽게 정리해 놓았다. 또한 필자가 직접 카메라를 들고 발로 뛰며 담아 온 사진과 각종 의서 등의 글을 간추려 정리하고 필자의 경험을 추가 서술하여 현실적이고 활용하기 쉬운 산야초를 더 많이 편집하였으니 잘 활용하여 자신과 가족의 건강을 지키는 데 많은 도움이 되었으면 하는 바람이다.

김동해

차 례

제1장 사상체질과 음양오행

제2장 산야초 효소

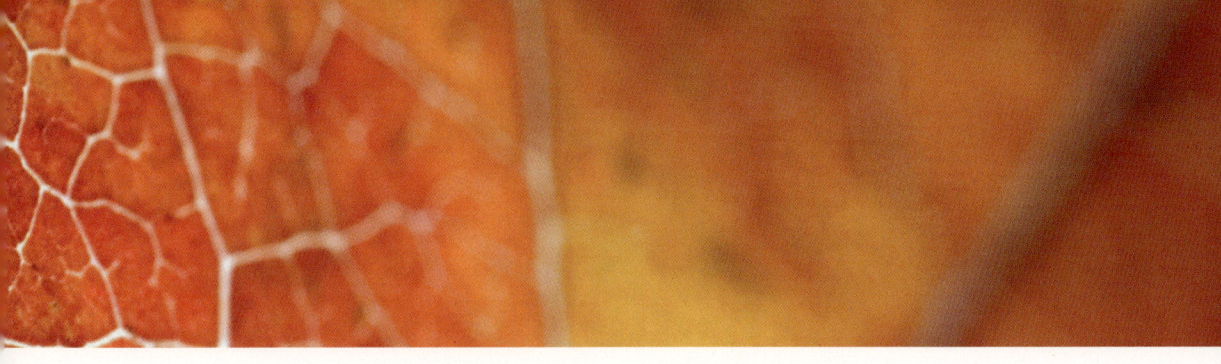

제3장 산야초의 효능 및 활용법

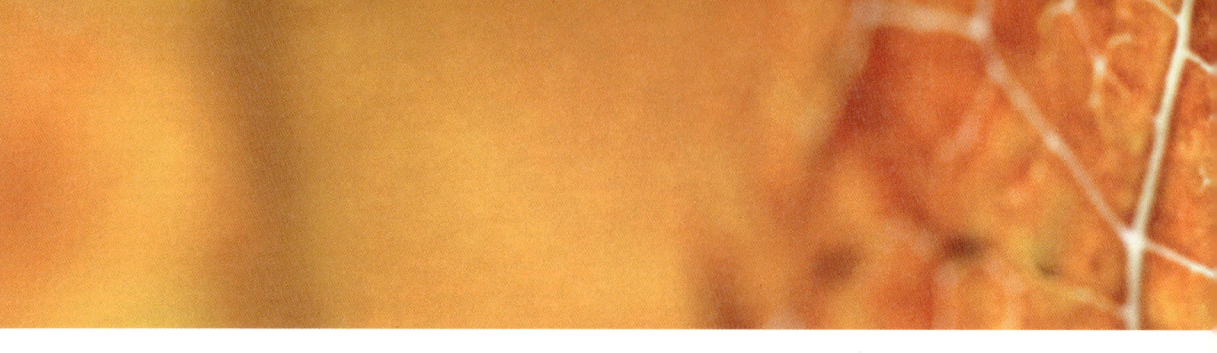

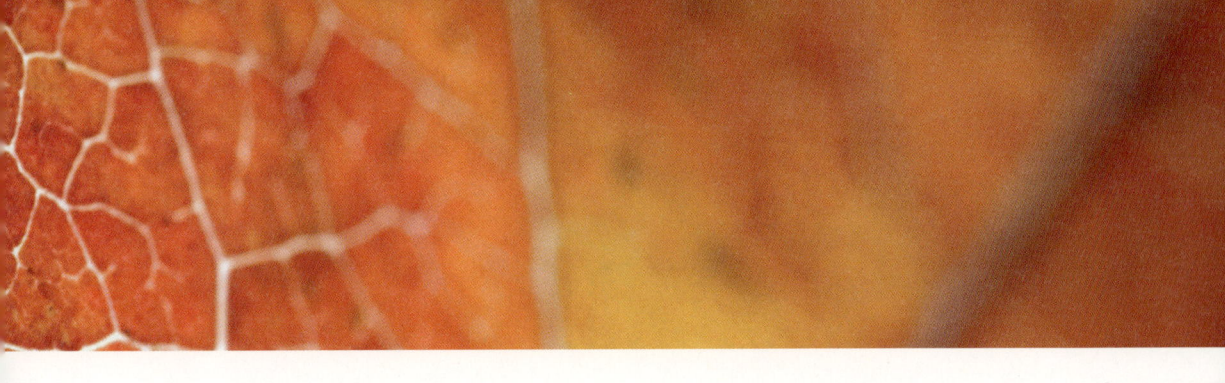

제1장 사상체질과 음양오행

Ⅰ. 사상체질

1. 이제마 선생

1837년 3월 19일 함경북도 함흥부(현 함흥군) 천서면에서 출생, 조부는 충원이고 진사 반오의 서자이며 안평대군의 19대손이다. 유년기에 가출하여 세상을 주유하며 견문을 넓혔으며, 청년기에는 만주와 러시아를 여행하였다고 전해진다. 40세 때에 무과에 등용되어 최문환(1896년)의 난을 진압한 공로로 정삼품(통정대부, 고원군수)까지 올랐다. 말년(1898년)에는 모든 관직에서 물러나 고향인 함흥(만세교 부근)에서 보원국이란 한약방을 운영하였다. 1900년 9월 21일 64세의 나이로 생을 마감하였다.

2. 사상체질이란?

1894년 이제마 선생에 의하여 창안된 우리나라 고유의 체질 의학이다. 인간을 태양인, 태음인, 소양인, 소음인의 4가지 체질로 구분하여 단순한 체질 구분뿐 아니라 체질에 따른 생리, 병리, 질병의 치료까지 적용한 의학으로 같은 질환을 치료하더라도 각 체질적 특성을 고려하여 체질별로 각기 다른 치료법을 사용해야 한다는 의학이다.

3. 사상의학에 따른 체질 진단법

1) 오링 테스트법

바이디지털 오링 테스트(Bi-digital O-Ring Test)법은 미국에 살고 있는 일본인 의사 오무라 오시아기 박사가 1970년 초에 연구한 것으로 오무라테스트라고도 한다.

오링 테스트는 검자와 피검자는 서로 정면으로 마주 보는 위치에서 실시한다. 피검자는 시계, 반지, 금속성 장신구를 전부 빼 놓아야 한다. 이런 금속성은 전자파를 방해하고 실험 결과에 영향을 주기 때문이다.

피검자는 양손을 몸에서 20cm 이상 떨어지게 앞으로 들고, 오른손의 엄지손가락 끝을 맞대고 O자형(O-Ring)을 만든다. 검자는 양손의 둘째 손가락을 이 오링에 꽂고 좌우 방향으로 잡아당긴다. 이때 피검자는 오링에 최대의 힘을 주고 벌어지지 않도록 노력하고, 검자는 이때의 오링의 힘을 기억해 둔다.

다음은 피검자의 왼손에 한 가지 식품, 약품, 음료수 등을 쥐게 하고 오른손 오링의 힘을 조사한다. 이때 오링의 힘이 먼저 조사한 기본 힘과 같이 강하면 이 식품은 유익한 식품이고, 힘이 약해져서 오링이 쉽게 벌어지면 해가 되는 식품이다. 각 물질의 전자파는 종이, 비닐, 유리를 통과하고, 실험상 지장이 없으니 식품을 종이봉지, 비닐봉지, 유리병에 넣어서 검사해도 잘 된다.

또 식품의 양은 쌀 한 톨, 물 한 방울이라도 반응이 나타난다.

피검자의 오링의 힘이 너무 강해서 검자의 둘째 손가락 한 개의 힘으로 벌어지지 않을 때에는 둘째 손가락과 셋째 손가락을 합하여 동시에 오링에 꽂고 벌리며 조사해야 한다.

이렇게 해도 피검자의 오링의 힘이 강해서 안 벌어질 때는 둘째 손가락 대신 셋째 손가락으로, 다음에는 넷째 손가락으로 또는 새끼 손가락으로 만든 오링을 써서 힘을 조사해 보고, 제일 잘 되는 오링을 사용해서 여러 가지 식품에 대한 반응을 조사해야 한다.

또 간혹 있을 수 있는 일이지만 피검자의 오링의 힘이 너무 강해서 실험이 도저히 불가능할 때에는 힘이 조금 약한 제3자로 하여금 왼손으로 피검자의 오른손을 잡게 하고, 제3자가 취한 오른손의 오링의 힘을 조사하면, 피검자의 반응이 나타나게 된다. 이때 제3자의 체질과는 관계없이 피검자의 체질이 정확하게 나타나게 되는 것이다.

피검자가 너무 허약하여 오링의 힘이 약해 검사를 못 하거나 어린아이나 노인(유아에서 78세까지)의 경우에도 제3자(가족, 어머니, 아버지)가 오링 테스트를 실시하면 된다.

1차 실험을 해서 경향을 알아 놓고 피검자에게 오링을 재차 설명해 준 다음 2차 실험을 반복하여 확실하게 판정을 하도록 해야 한다. 피검자에 따라서는 1회 실험의 결과가 불확실한 때가 간혹 있다.

이런 때에는 5~10분간 쉬었다가 재실험하도록 해야 한다. 환자를 진찰할 때에는 2~3일간 반복 실험해서 체질진단에 오진이 없도록 적극 주의해야 한다.

사상체질은 4종의 식품만 가지면 진단할 수 있게 되어 있다. 그러나 한편으로 신체적인 특징으로 사상체질을 진단할 수도 있다.

2) 오링 테스트의 실천

준비물: 오이, 당근, 감자, 무

(1) 대상자의 몸에 Loop(링)를 구성하는 금속물질인 목걸이, 팔찌, 발찌, 시계 등 장신구를 제거한다.
(2) 대상자를 동쪽으로 향하도록 한다.
(3) 양팔을 북쪽과 남쪽으로 향하게 하고 어깨선과 나란히 수평으로 든다.
(4) 수평으로 유지한 상태에서 왼손에 대상 물질을 쥐게 한다.
(5) 오른손의 엄지와 검지, 중지를 모아 RING을 만든다.
(6) 대상물질을 쥔 왼손의 힘과 오른손 RING의 힘이 같도록 한다.
(7) 왼손과 오른손의 힘을 똑같이 준 상태에서 눈을 지그시 감는다.
(8) 눈을 감고 10~15초 정도 기다린다(심리적 안정).
(9) 검사자는 양손의 힘이 같은지 물어보고 확인한다.
(10) 확인 후 검사자는 대상자의 오른손 RING에 왼손과 오른손의 손가락을 건다.
(11) 조용히 대상자의 오른손 RING에 건 손가락에 힘을 주어 풀어 본다.
(12) 풀리는 힘의 상태를 기억하고 다른 대상 물질을 교체하여 쥐게 하며 대상물질의 힘의 세기를 사상체질에 대입한다.
(13) 복합체질 인자는 대상물질에 따라 약간의 힘의 차이가 생기며, 힘의 차이로 두 가지 대상물질을 비교 측정하여 힘의 %를 맞추면 된다.

4. 체질 구분과 체질 관리

1) 소음인(20%) – 오이 ↓

(1) 왼손에 오이를 쥐면 오른손 손가락 O-Ring에 힘이 쫙 빠진다.

(2) 당근에도 힘이 조금 빠진다.

(3) 감자, 무에는 힘이 강하다.

2) 태음인(50%) – 당근↑

(1) 왼손에 당근을 쥐면 오른손 손가락 O-Ring에 힘이 꽉 붙는다.

(2) 감자나 무를 쥐면 힘이 붙는다.

(3) 오이를 쥐면 힘이 약간 떨어진다.

3) 소양인(30%) – 감자↓

(1) 왼손에 감자를 쥐면 오른손 손가락 O-Ring에 힘이 쫙 빠진다.

(2) 당근을 쥐면 오른손 손가락 O-Ring에 힘이 약간 붙는다.

(3) 오이를 쥐면 오른손 손가락 O-Ring에 힘이 꽉 붙는다.

4) 태양인(0.04%) – 무↓

(1) 왼손에 무를 쥐면 오른손 손가락 O-Ring에 힘이 쫙 빠진다.

(2) 감자를 쥐면 오른손 손가락 O-Ring에 힘이 많이 빠진다.

(3) 오이를 쥐면 오른손 손가락 O-Ring에 힘이 쫙 붙는다.

5. 외형을 보고 판단하는 법

1) 태양인

머리가 크며, 둥근 편이다. 특히 목덜미와 뒷머리가 발달되어 있고 하관이 빠르고 눈이 작다.

2) 태음인

원형 또는 타원형, 눈 코, 입, 귀가 크고 입술은 대체로 두툼하다.

3) 소양인

머리가 앞뒤로 나오거나 둥근 편이며, 표정이 밝다. 턱은 뾰족한 편이고 입은 과히 크지 않으며 입술은 얇다. 특히 눈매가 날카롭다.

4) 소음인

용모가 오밀조밀 잘 어울려 있다. 입, 눈, 코가 그다지 크지 않고 입술은 얇다. 눈에 정기가 없다.

6. 체형의 특징

1) 태양인

체구가 단정한 편이나 상체에 비해 허리와 하체가 약해 보인다. 대체로 몸은 마른 편이고 깔끔한 인상이며 눈에 광채가 있다.

2) 태음인

체격이 큰 편이며, 근육과 골격이 발달하고, 보통 키가 크며 몸이 비대한 사람이 많다. 특히 손발이 크다. 허리가 굵은 편이고 상체보다는 하체가 더 충실하다. 의젓하고 무게가 있어 보인다. 여자는 미인이 적다.

3) 소양인

상체에 비해 하체가 약하며, 특히 다리가 가늘다. 살이 찐 사람은 드물다. 가슴 주위가 발달하였고, 경쾌해 보이는 인상을 가지고 있다. 걸을 때 항상 먼 곳을 보고 걷는다.

4) 소음인

상체에 비해 하체가 발달하였고, 살과 근육이 비교적 적으나 골격은 굵은 편이다. 몸매의 균형이 잡힌 사람이 많다. 얌전하고 온화한 인상을 지녔고, 미남·미녀가 많다.

7. 기질 특성으로 판단하는 법

1) 태양인(太陽人)

(1) 외모로 본 태양인

폐가 크고 간이 작은 체질이다. 체형상 가슴 윗부분이 발달해 목이 굵고 머리가 크며 간이 허하기 때문에 하체가 약해 오래 서 있거나 잘 걷지 못하는 대신 기대거나 눕기를 좋아한다. 여자는 자궁발육이 나빠 아이를 낳지 못하는 경우가 많다. 얼굴은 둥근 편이고 근육은 비교적 적으며 광대뼈가 나온 사람이 많다. 이마가 넓고 눈은 빛난다. 귀가 크고 살이 많이 찌지 않는다.

(2) 성격으로 본 태양인

백만 명 중 한 명꼴로 나타날 정도로 수적으로 많지 않기 때문에 감별이 용이하지는 않다. 사고력이 뛰어나고 누구와도 잘 사귀며 판단력과 진취적인 기상이 있다. 영웅심과 자존심이 강하고 일이 뜻대로 되지 않을 경우에는 크게 분노해 건강을 해치게 된다. 창조적 두뇌와 뛰어난 사고력을 가지고 있어 과학자나 철학가가 적성에 맞는다. 우월감 때문에 방종하거나 남을 시기하는 마음이 있다. 성질이 급하고 조급증이 있어 화를 잘 내며 앞으로 나가려 하고 좀처럼 물러서지 않는다.

(3) 태양인의 건강상태

성질이 급해 음식을 잘 토하거나 실신, 졸도하는 일이 많고 하체무력증이 있다. 위, 식도 등 암에 걸리기 쉽고 척추장애, 식도협착증(구토증) 등에 자주 걸린다. 여성의 경우 불임의 가능성이 높다. 소변이 잘 나오는 것이 건강의 지표. 운동량이 많은 운동으로 땀을 많이 내야 하므로 웨이트 트레이닝이나 조깅을 하더라도 시간을 길게 하고 속도를 주어 운동량이 충분하도록 한다.

(4) 태양인에게 좋은 음식

지방질이 적고 자극성이 적은 담백한 맛을 내는 해물류나 채소류의 음식이 적합하다. 간 기능이 약하므로 간을 보하는 음식을 먹는 것이 좋다.
① 곡류: 모밀, 냉면
② 해물: 새우, 조개류, 굴, 전복, 소라, 게, 해삼, 붕어
③ 채소: 순채나물
④ 솔잎과일: 포도, 머루, 다래, 감, 앵두, 모과, 오렌지, 복숭아 등

(5) 태양인에게 해로운 음식

맵고 성질이 뜨거운 음식이나 지방질이 많은 음식은 좋지 않다. 칼로리가 높고 고단백 식품을 즐겨 먹으면 간에 부담을 주어 간염과 같은 질병이 생길 수도 있다.

모든 육류, 기름류, 밀가루, 수수, 콩, 우유, 설탕, 수박, 밤, 잣, 은행, 도라지, 연근, 무, 마늘, 녹용, 비타민 A·D·E 등이 있다.

2) 태음인(太陰人)

(1) 외양으로 본 태음인

간이 크고 폐가 작다. 허리 부위가 크고 코가 크거나 광대뼈가 나오고 비대한 편이 많다. 키가 크고 체격이 좋다. 마른 사람도 있으나 골격은 건실하다. 흡기가 약해서 다른 체질에 비하여 숨이 차는 일이 많다. 허리가 굵고 배가 나와 다소 거만하게 보이는 경우도 있다. 외관상 골격이 굵고 비대한 사람이 많다. 손발이 크고 피부가 거칠어 겨울에는 손발이 잘 트는 경향이 있다. 몸을 조금만 움직여도 땀을 많이 흘리고 힘든 일을 할 때 더욱 심하다. 여자의 경우 체격이 크고 이목구비가 시원스러워 품위가 있어 보이고, 남자는 다소 무서운 인상을 지니는 경우가 많다.

(2) 성격으로 본 태음인

고집이 세고 맡은 일을 끝까지 이루어 내어 성공하는 일이 많다. 변화를 싫어하고 보수적이다. 가정적이고 남의 칭찬을 좋아한다. 사업가나 정치가로서 적격이나 고집과 욕심이 지나쳐 일을 그르칠 수 있다. 자기 것에 대한 애착이 지나쳐 탐욕이 된다. 말수가 적어 조용한 편이고 이해타산을 따지는 데 뛰어나다. 자기의 주장은 남이 듣거나 말거나 끝까지 소신껏 피력한다. 겉으로는 점잖은 듯하면서도 속으로 음흉하여 좀처럼 속마음을 드러내지 않는다. 잘못된 것을 알면서도 미련스럽게 고집을 부리며 밀고 나가려는 우둔한 면도 있다.

(3) 태음인의 건강상태

태음인은 한마디로 종합병원이다. 오지열병에서 비만, 고혈압, 중풍, 당뇨, 신진대사 질환이 태음인한테 많이 오기 때문에 운동을 열심히 해야 한다. 좋은 운동으로는 근육질에 맞는 보디빌딩이 좋다. 이 체질은 어느 정도 땀을 흘려야 정상적인 건강이 유지되며, 만약 땀을 전혀 흘리지 않으면 병적인 증세로 보아야 한다.

자주 걸리는 질병으로는 심장병, 기관지염, 폐렴, 고혈압, 당뇨병, 간염, 기관지염, 천식 등이 있다. 습진이나 두드러기 같은 피부질환이나 대장염, 치질, 노이로제 등에 유의한다. 건강의 지표는 땀이 잘 나는 것이다.

(4) 태음인에게 좋은 음식

체구가 크고 위장기능이 좋은 편이므로 동·식물성 단백질이나 칼로리가 높은 식품이 좋다. 쇠고기나 서늘한 과일, 특히 무를 먹으면 몸에 좋다. 과음하면 간에 병이 생기므로 피하고, 굳이 먹고 싶다면 맥주가 좋다.

① 곡류: 밀, 콩, 고구마, 율무, 수수, 땅콩, 들깨, 설탕, 현미
② 육류: 쇠고기, 우유, 버터, 치즈
③ 해물: 간유, 명란, 우렁이, 뱀장어, 대구, 미역, 다시마, 김
④ 과일: 밤, 잣, 호두, 은행, 배, 매실, 살구, 자두
⑤ 채소: 무, 도라지, 당근, 더덕, 고사리, 연근, 토란, 마, 버섯 등

(5) 태음인에게 해로운 음식

비만이 되거나 고혈압과 변비에 걸리기 쉬운 체질이므로, 자극성 있는 식품이나 지방질이 많은 음식은 피한다. 닭고기, 개고기, 돼지고기, 삼계탕, 고등어, 새우, 오징어, 배추, 인삼차, 꿀, 생강차, 술 등은 좋지 않다.

3) 소양인(少陽人)

(1) 외모로 본 소양인

비장이 크고 신장이 허하다. 어깨가 크고 눈이 잘생겨 미남·미녀가 많다. 외형적으로 가슴이 발달되고 둔부가 빈약한 편이다. 상체는 잘 발달되었으나 하체가 약

하여 걸음걸이가 빠르고 다소 경망스럽게 보인다. 대체로 머리가 작고 둥근 편이며 앞뒤가 나온 사람도 있다. 눈매가 날카로워 보이고 입은 크지 않고 입술이 얇으며 턱이 뾰족하다. 살결은 희고 윤기가 적으며 땀은 그다지 흘리지 않는다.

(2) 성격으로 본 소양인

대단히 사교적이고 적극적이며 활발하여 여러 사람들에게 인기가 많고 의협심이 강하다. 사무에 능하나 인내심이 부족해 일이 잘 안 되면 쉽게 체념한다. 연예인, 고급 공무원, 회사중역으로 적격이나, 참을성이 적어 자칫 일을 크게 벌이고 마무리(뒷수습)하지 못하는 경향이 있다. 항상 무슨 일이 생길까 두려워하는 의구심이 있는데 의구심이 커져 공포심이 되면 건망증이 생기기 쉽다. 공적인 것과 사적인 것을 구분하여 처리하는 원칙이 부족하여 자기 기분에 좌우되기도 한다. 항상 밖으로 돌고 집안일 등에는 등한시하지만 다정다감한 편이다. 보기에 경솔하고 무슨 일이나 빨리 시작하고 빨리 끝내므로 일하는 솜씨가 거칠고 실수가 많다. 일에 싫증을 잘 느껴 일처리가 용두사미격이 되는 경우가 많다. 남의 일에 희생을 아끼지 않고 남을 위해 일하는 데 보람을 느껴 의리있는 사람으로 보인다. 불의를 볼 때는 이해관계를 떠나 물불을 가리지 않고 이를 처리하려는 강직한 성격이 있다. 솔직 담백하며 꾸밈이 없고 아첨하는 것을 매우 싫어한다.

(3) 소양인의 건강상태

소양인은 평소 병이 잘 오지 않는 건강체질이다. 비위가 좋고 속이 뜨겁기 때문에 영양분을 섭취해도 연소를 잘하기 때문이다. 신장 및 방광 계열의 병이나 열성 전염병, 정신질환, 홧병 등을 조심해야 하지만 잔병치레는 없는 편이다. 열이 많은 관계로 항상 냉수를 즐겨 마시는 경향이 있고 빙과류를 많이 먹어도 여간해서 배탈이 나지 않는다. 비뇨 생식기능이 약하여 여자는 다산하지 못하고 남성도 성기능이 왕성하지 못한 경향이 있다. 건강의 지표는 대변이 잘 나오는 것이다.

(4) 소양인에게 좋은 음식

소양인은 비위(췌장과 위장)가 튼튼해서 음식을 잘 소화시킨다. 열이 많은 체질이라 한겨울에도 냉면같이 찬 음식을 즐기고 냉수를 마셔도 탈이 나지 않는다. 싱싱하고 찬 음식이나 소채류, 해물류가 좋다.

① 곡류: 보리, 팥, 녹두

② 육류: 돼지고기, 계란, 오리고기

③ 해물: 생굴, 해삼, 멍게, 전복, 새우, 게, 가재, 복어, 잉어, 자라, 가물치, 가자미

④ 채소: 배추, 오이, 상추, 우엉뿌리, 호박, 가지, 당근

⑤ 과일: 수박, 참외, 딸기, 바나나, 파인애플

⑥ 기타: 생맥주, 빙과류 등

(5) 소양인에게 해로운 음식

열이 많은 체질이므로 열을 내는 식품을 피하도록 한다. 고추, 생강, 파, 마늘, 후추, 겨자, 카레 등 맵거나 자극성 있는 조미료와 닭고기, 개고기, 노루고기, 염소고기, 꿀, 인삼은 좋지 않다.

4) 소음인(少陰人)

(1) 외형으로 본 소음인

비장이 허하고 신장이 실하다. 엉덩이가 크고 입이 잘생기고 구강이 크다. 외형상 상하 균형이 잘 잡혀 있고 보편적으로 체구는 작은 편이다. 상체보다 하체 엉덩이 부근이 발달되어 있다. 걸을 때는 상체가 앞으로 숙여진다. 용모가 오밀조밀하고 잘 짜여 있어 여자는 예쁘고 애교가 많다. 이마는 약간 나오고 이목구비가 크지 않고 다소곳한 인상이다. 피부가 부드럽고 땀이 적으며 걸음걸이가 자연스럽고 얌전하다. 말을 할 때 눈웃음을 짓는 경우가 많다.

(2) 성격으로 본 소음인

항상 침착하고 용의주도하며 조심스럽다. 끈질긴 면이 있으며 인내심이 강하고 세심하다. 교수나 종교지도자가 적격이고 오래 직장생활을 하는 여성이 많다. 사소한 일에도 조바심이 나고 불안하다. 걱정이 많아 가슴이 답답할 때가 많다. 감정보다는 이성이 앞서며 이기적이 되기 쉽다. 내성적이고 소극적이어서 모험을 꺼리고 자기 안일에 빠지기 쉽다. 매사 자기본위로 생각하는 경향이 있고 실리를 얻기 위해서는 수단과 방법을 가리지 않는 면도 있다. 머리가 총명하고 판단력이 빠르며 조직적이고 사무적이어서 윗사람에게 잘 보이나 때로는 지나치게 아첨하기도 한다. 자기가 하는 일에 남이 손대는 것을 싫어하며, 남이 잘하는 일에 질투심이 강하여 '사촌이 땅을 사면 배가 아프다'라는 말은 소음인에게 어울리는 속담이다. 마음이 다소 편협한 면이 있어 한번 꽁하면 여간해서 풀어지지 않고 남에게 인색한 면이 있다.

(3) 소음인의 건강상태

항상 위장이 약하고 냉하여 소화불량, 설사가 잦은 편이다. 자고 일어나면 몸이 찌뿌듯하기 쉽고 두통, 신경통 종류의 통증이 많다. 콩팥이 발달되어 있어 체내 노폐물을 걸러내기 때문에 사상체질 중에 가장 장수하는 체질이다.

소음인에게 어울리는 운동은 재미를 느낄 수 있는 배드민턴 같은 것이 좋다.

자주 걸리는 병은 신경성 질환, 소화기 질환, 간질환 등이다.

(4) 소음인에게 좋은 음식

소음인은 속이 차고 냉한 체질이다. 소음인에게 맞는 음식은 성질이 뜨거운 음식이 좋다. 고기는 쇠고기나 돼지고기보다 닭고기가 좋다. 날짐승은 사람의 체온보다 2도 높기 때문이다. 생선은 한류에서 사는 명태와 같이 비늘 있는 생선이 좋다.

① 곡류: 쌀, 차조, 감자

② 과일: 사과, 귤, 토마토, 복숭아, 대추

③ 육류: 닭고기, 개고기, 노루고기, 참새, 꿩, 양젖, 염소고기, 양고기, 벌꿀

④ 해물: 명태, 도미, 조기, 멸치, 민어, 미꾸라지

⑤ 채소: 시금치, 양배추, 미나리, 파, 마늘, 생강, 고추, 겨자, 후추, 카레 등

(5) 소음인에게 해로운 음식

소화하기 힘든 지방질 음식이나 찬 음식과 날 음식은 설사를 유발하기 쉽다. 냉면, 참외, 수박, 냉우유, 빙과류, 생맥주, 보리밥, 돼지고기, 오징어, 밀가루 음식이 좋지 않다.

Ⅱ. 음양오행

1. 음양이란?

음양오행(陰陽五行)은 온 우주, 인간 세상의 모든 현상을 구성하는 두 원리인 음양(陰陽)과 만물의 생성과 소명을 관장하는 목(木), 화(火), 토(土), 금(金), 수(水)의 다섯 기운, 즉 오행(五行)을 함께 이르는 말이다.

중국을 위시한 동양 문명권에서는 만물이 기(氣)로 이루어진다고 생각했는데, 이 기의 작용이 바로 음양과 오행이다.

오행이라는 동적 요소가 음양의 이치에 따라 순환하면서, 성하고 쇠함으로써 만물이 생성·소멸·변화한다는 것이다.

음양 사상은 적어도 삼국 시대부터 우리나라에도 널리 퍼져 있었던 듯하다. 고구려 고분 벽화나 신라 감은사지(感恩寺址)의 태극 도형 등이 그렇고, 고구려 시대에 무덤 주변에 소나무(陽)와 잣나무(陰)를 심어 음양의 조화를 꾀한 것 또한 언급할 수 있다.

오행은 가운데의 토(土)를 중심으로, 동서남북으로 각각 목, 금, 화, 수의 기운이 놓여 작용하는 것이다. 이러한 방위 관념은 훗날 풍수 사상과 결합하기도 했고, 건축의 배치나 조원 등 공간을 조성하는 데 중요한 참고점이 되었다. 가까운 예로 경복궁(景福宮)의 건물 배치와 이름에서도 음양오행 사상의 영향을 볼 수 있다. 침전인 교태전의 '교태'는 태극, 즉 음양인데, "온 세상의 만물이 생겨나는 근원을 이룬다."라는 뜻이다. 왕세자를 출산할 왕비의 처소에 딱 들어맞는 이름이다. 강녕전을 비롯한 다섯 채의 건물은 우주 만물을 구성하는 근본 요소인 오행에 대응한다. 강녕전의 정문 이름이 향오문인 것도 이 때문이다.

음양 사상이 전통 조경 공간에 영향을 끼친 대표적인 예로는 연못의 형태를 들 수 있다. 창덕궁(昌德宮)의 부용지(芙蓉池)에서도 보듯, 전통 공간에 조성된 연못의 다수는 그 외곽이 사각형이다. 그 네모진 연못[方池] 가운데에는 인공적으로 둥근 섬을 조성했다. 이러한 방지원도형(方池圓島形) 연못에서 사각형 연못은 땅, 즉 음을 상징하고, 연못 속 둥근 섬은 하늘, 즉 양을 상징한다. 음양이 결합하여 만물을 소생케 하는 원리를 연못에 투영한 것이다. 또한 이것은 "하늘은 둥글고 땅은 모나다."라는 천원지방(天圓地方) 사상을 상징적으로 표현한 것이기도 하다. 이러한 방형(方形)의 연못은 중국이나 일본에서는 찾아볼 수 없어, 우리나라를 대표하는 독특한 연못 형태라고 할 수 있다.

2. 오행이란?

木, 火, 土, 金, 水 – 나무, 꽃 등을 포함한 식물들을 말하는 것이다.
- 목: 만물이 생기게 된 근원을 의미
- 화: 우리가 음식을 익히고, 끓이는 것뿐만 아니라 몸을 따뜻하게 하고 주위를 밝게 만드는 빛이나 열과 같은 모든 에너지 형태를 의미
- 토: 우리의 삶의 터전인 땅을 의미

- 금: 광물질처럼 이미 그 형태를 이루고 있거나 차츰 그 형태로 굳어지는 상태 등을 의미
- 수: 우리가 숨 쉬고 살아가는 공기 못지않게 중요한 물, 이러한 물의 흐름과 같은 변화나 창조 등을 의미

3. 음양오행 도표

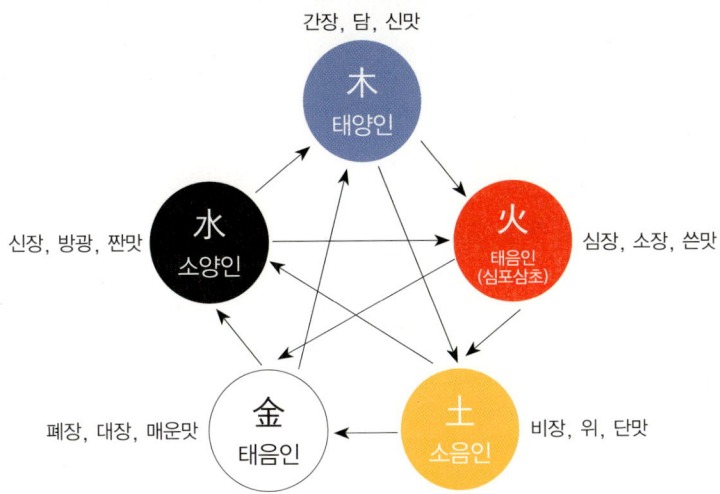

오행(五行)은 다섯 오(五)에, 다닐 행(行), 즉 다섯이 걸어간다는 뜻이다. 우주의 끊임없이 변하는 다섯 가지 기운의 형상으로, 생명이 생겨나고 쇠하는 유지속성의 기운을 말한다. 이는 음양(陰陽)과 함께 동양철학과 동양의학의 기본 근간이 된다.

4. 오장육부와 음양오행

1) 오장(五臟)

간장(肝臟), 심장(心臟), 비장(脾臟), 폐장(肺臟), 신장(腎臟)의 5가지를 말한다.

① 간장: 횡격막(橫膈膜)의 아래, 복강의 오른편 위쪽에 있는 장기(간)
② 심장: 내장의 하나로 혈액순환이 원동력이 되는 기관. 자루 모양을 하고 있으며
　　　　내부는 두 개의 심방(心房)과 두 개의 심실(心室)로 되어 있음(염통)
③ 비장: 위의 왼쪽 뒤에 있는 내장의 한 가지. 둥글고 해면모양으로 되어 있으며
　　　　림프구를 만들고 노폐한 적혈구를 파괴하는 구실을 함(지라)
④ 폐장: 육상동물의 호흡기의 주요 부분. 폐포를 통해 혈액 중의 이산화탄소와
　　　　들이마신 산소를 교환함. 사람에게는 흉강의 양쪽 횡격막 윗부분에 좌
　　　　우 한 개씩 있음(허파)
⑤ 신장: 척주의 양쪽에 하나씩 있는 내장의 한 가지. 강낭콩 모양을 하고, 검붉은
　　　　데 몸 안의 불필요한 물질을 오줌으로 배설하는 구실을 함(콩팥)

2) 육부(六腑)

대장, 소장, 위, 담, 방광, 심포삼초의 6가지를 말한다.

① 대장: 내장의 일부로, 소장의 끝에서 항문에 이르는 소화기관(큰창자)
② 소장: 장의 한 부분으로, 위와 대장 사이에 있으며 먹은 것을 소화하고 영양을
　　　　흡수함. 길이는 6~7m(작은창자)
③ 위: 내장의 식도와 장 사이에 있는 주머니 모양의 소화기관(밥통)
④ 담, 담낭: 간장에서 분비되는 쓸개즙을 일시적으로 저장, 농축하는 얇은 막의
　　　　주머니로 된 내장(쓸개)

⑤ 방광: 콩팥에서 흘러나오는 오줌을 한동안 저장하는 얇은 막으로 된 주머니 모양의 기관(오줌통)

⑥ 삼초(三焦): 상초(上焦), 중초(中焦), 하초(下焦)로 나눈다.

　　ⓐ 상초: 한방에서 이르는 삼초의 하나로, 횡격막의 위에 위치함. 혈액의 순환과 호흡기능을 맡은 부위로 심장과 폐장이 이에 딸림

　　ⓑ 중초: 한방에서 이르는 삼초의 하나로, 염통과 배꼽의 중간에 위치하여 음식의 소화작용을 맡음

　　ⓒ 하초: 한방에서 이르는 삼초의 하나로, 배꼽의 아래, 방광의 위에 위치함. 노폐물의 배설을 맡은 부위로 대장, 방광, 소장, 신장 따위가 딸림

즉, 인체 5장6부의 상호 작용이나 유기적인 기능은 음양의 이치와 오행 간의 상생 상제 관계에 따른다. 예를 들어 폐와 대장은 오행으로는 같은 금이면서 음양이 다른 표리의 관계를 갖고 있다. 표리의 관계란 따로 떼어서 생각할 수 없고 그 작용력이 시소와 같아서 폐의 이상은 곧 대장의 이상으로 나타난다는 것이다.

다른 장부의 관계 역시 이와 같다.

5장6부 상호 간은 오행의 상생 상제 관계에 따라 서로 기능을 돕는 상생의 관계, 서로 기능을 제약하는 상제의 관계를 맺는다. 간의 기능이 활발하면 심의 기능이 원활해지고(목생화), 심의 기능이 활발하면 비의 기능이 원활해지고(화생토), 비의 기능이 활발하면 폐의 기능이 원활해지고(토생금), 폐의 기능이 활발하면 신의 기능이 원활해지고(금생수), 신의 기능이 활발하면 간의 기능이 원활해진다(수생목). 그리고 간에 병사가 왕성하면 비의 기능이 떨어지고(목제토), 비에 병사가 왕성하면 신의 기능이 떨어지고(토제수), 신에 병사가 왕성하면 심의 기능이 떨어지고(수제화), 심에 병사가 왕성하면 폐의 기능이 떨어지고(화제금), 폐에 병사가 왕성하면 간의 기능이 떨어지고(금제목), 대우주가 음양오행으로 운행하듯이 소우주인 인체 역시 5장6부로 구성되어 있다. 5장은 음(-)이고, 6부는 양(+)이다.

또 5장6부를 오행으로 구분하면, 간, 담은 목이고, 심, 소장은 화이고, 비, 위장은 토이고, 폐, 대장은 금이고, 신, 방광은 수이다. 여기에 심포와 삼초를 화로 보고 모두 합해 5장6부(실제로는 6장6부)가 된다.

제2장 산야초 효소

Ⅰ. 산야초 효소의 개요

1. 산야초 효소란?

생명체 내에서 일어나고 있는 각종 화학반응을 촉매하는 단백질이며, 따라서 생명체의 신진대사는 효소의 활성화에 의해 유지되고 결국 인체의 건강은 효소의 수치에 따라 결정되며 인체 내 효소의 종류만도 약 3,000여 종일 것으로 추측하고 있다.

어떤 물질들이 생명체 내에서 동화와 이화작용을 통하여 분해하거나 분해된 물질로부터 새로운 물질을 만들어 내는 화학반응을 일으키는 과정을 물질대사라 한다. 이 물질대사가 원활하게 생체 내에서 움직일 수 있도록 도와주는 촉매와 같은 가장 중요한 역할을 하는 작용을 효소라 부른다.

2. 산야초 효소의 효능

1) 신진대사 촉진 작용

정화작용 해독작용을 가지고 있어 피와 조직을 깨끗이 해 주며 신진대사에 의해 생기는 노폐물을 중화하는 작용을 한다.

2) 노화방지 작용

산야초 효소에 들어 있는 유기미네랄 중 칼슘, 칼륨, 규소는 조직과 세포에 생화학적 미량원소의 균형을 바로잡아 주어 이러한 미량원소가 부족할 경우 세포는 빨리 늙고 병이 들게 되는 것을 방지해 준다.

3) 장내 유산균 증식 작용

산야초 발효 효소에 엄청나게 들어 있는 갖가지 효소는 장내에 있는 이로운 균을 활성화시켜 장내의 독소를 빨리 몸 밖으로 내보내는 역할을 한다.

4) 비만해소 작용

비타민이나 미네랄을 충분히 섭취하게 되면 몸의 상태가 좋아지기도 하지만 이는 군더더기 살이 빠지기 위한 필수조건이라고도 할 수 있다.

비만은 지방·단백질·탄수화물 등의 영양물질의 과다 때문에 생기기도 하지만 비타민 미네랄 효소의 부족 때문에 생기기도 한다. 따라서 산야초 발효 효소를 매일 먹게 되면 지방 덩어리가 빠져나가 비만이 사라지게 된다.

5) 지방분해 작용

산야초 발효 효소에 들어 있는 천연당인 과당은 지방분해에 탁월하며 효소작용에 의해 신체 내부의 찌꺼기를 청소해 줌으로써 지방이 분해되고, 이로 인하여 비만이 사라지게 된다.

6) 성장기 어린이, 수험생에게 최고의 효과

산야초 효소는 비타민, 미네랄, 효소, 과당을 가지고 있으므로 산, 알칼리의 균형을 바로잡아 주며 고른 영양소의 보급은 두뇌를 활성화시키고 어린이의 성장에 필수적인 성장 호르몬을 잘 나오게 하여 성장 촉진에도 탁월한 효과를 지니고 있다.

7) 각종 난치병 예방 효과

효소란 인간의 몸속에서 새로운 것을 만들거나 독소를 분해하게 됨으로써 각종 질병의 예방이나 치료에 탁월하며 그 작용이 약해지면 생리기능에 여러 장애가 생겨 각종 질병의 발생 원인이 되는 것을 막아 주고 그 외 소화촉진작용, 늘 피로한 증상 해소, 적혈구 증식, 해독작용, 정화작용, 변비, 기타 영양소 공급 등 아주 많은 작용을 하므로 산야초 효소는 건강한 우리 인체의 유지에 꼭 필요한 것이라고 할 수 있다.

3. 산야초 효소 담그는 법

① 오염이 안 된 산야초를 채취한다.
② 깨끗한 물에 씻고 물기를 제거(물기를 완전 제거하지 않고 털어 낸 정도면 됨)한다.
③ 적당한 크기(3~4cm)로 자른다. 단단한 것(뿌리 종류)은 더 잘게 자를수록 좋다.

④ 재료와 설탕을 무게 비율로 1:1로 잘 섞어 큰 그릇에 담아 두고 설탕이 완전히 녹을 때까지 골고루 저어 준다(물이 많은 재료는 설탕을 50% 더 넣어 주며 물이 적은 뿌리 식물은 시럽을 만들어 부음).

⑤ 시럽 만드는 법: 물을 끓여서 설탕을 1.5:1 비율로 넣고 완전히 녹을 때까지 저어 주며 물을 완전히 식혀 재료가 담길 때까지 붓는다.

⑥ 약 2~3일 큰 그릇에서 섞어 주며 설탕이 완전히 녹았으면 발효시킬 용기에 넣어 놓고 일주일에 2~3회 아래위가 섞이도록 저어 준다.

⑦ 발효가 시작되면 물질이 부풀어 오르므로 용기의 2/3 이상은 채우지 말아야 하며 돌로 눌러 놓아도 된다.

⑧ 발효가 잘되는 온도는 22~28℃ 정도이고, 용기의 윗부분은 이물질이나 벌레가 들어가지 않을 정도로 한지나 무명천으로 덮고 그 위에 가벼운 뚜껑을 덮어 둔다(절대로 밀봉해서는 안 됨).

⑨ 한꺼번에 수많은 재료를 다 할 수는 없으므로 새로이 추가되는 재료는 상기의 방법으로 만들어 보충하며 그때는 잘 저어 주어야 한다.

⑩ 1차 발효기간은 100일 이상이며 발효가 충분히 되었다고 생각되면 걸러서 효소액만 따로 보관하여 2차 발효에 들어가 약 3개월 이상 더 발효시키고, 먹어도 되나 오래 발효시킬수록 더 좋은 효소가 된다.

4. 산야초 효소 복용 방법

8~10배의 비율(효소 2:물 8)로 생수나 온수에 타서 하루 2~3회 가급적 공복에 복용하고 장기 복용하는 것이 좋다. 처음부터 많이 복용하기보다는 반 컵 정도씩 먹다가 서서히 양을 늘려 가는 것이 바람직하다(50℃ 이상 뜨거운 물에 타서 복용 금지).

특이체질인 약 2~3% 정도는 가슴이 울렁거리거나 속이 답답하다. 그리고 약간의 발진 또는 설사를 한다. 병세가 일시적으로 좀 나빠진다는 등 효소반응이 나타나는 사람도 있으나 이는 명현(瞑眩)현상의 일환으로, 공복을 피하거나 4~5일간

다소 복용량을 조절하면 해소된다.

5. 산야초 효소의 재료 및 채취시기

사람이 먹을 수 있는 것은 다 재료로 사용할 수 있으며 봄에는 꽃이나 새싹을, 여름에는 잎을, 가을에는 줄기를, 겨울에는 줄기나 뿌리를 채취해서 사용하는 것이 더 좋은 약성을 볼 수가 있다. 하지만 밭둑이나 도로 주변은 농약이나 오염이 심할 수 있으므로 절대로 사용해서는 안 되며 되도록 신선한 것을 사용한다.

많이 사용하는 산야초의 종류를 열거해 보면 다음과 같다.

① **봄**: 개나리, 돈나물, 쑥부쟁이, 곰보배추, 조릿대, 냉이, 동백꽃, 찔레새순, 진달래꽃, 으름새순 벚꽃, 참취나물, 다래순, 인동줄기, 망개순, 녹차순, 둥굴레순, 자운영, 토끼풀꽃, 뽕잎, 민들레, 참쑥, 기타 꽃 종류

② **여름**: 오디, 칡순, 물앵두, 인동꽃, 꾸지뽕잎, 머위, 소루쟁이, 아카시아꽃, 참나물, 부추, 달래, 오가피순, 엄나무순, 미역취, 원추리, 단풍취, 삼지구엽초, 곰취, 우산나물, 잔대순, 도라지순, 질경이, 두릅, 엉겅퀴, 수영, 인진쑥, 두충잎, 쑥갓, 죽순, 감잎, 은행잎, 백선, 야관문, 함초, 산딸기, 시금치, 꿀풀, 뱀딸기, 큰보리똥, 석창포, 참앵두, 쇠비름, 짚신나물(선학초), 인진쑥, 천마, 고삼, 박하, 방아, 돌복숭아, 산수국, 칡꽃, 머루, 애기사과, 꽃향유, 부추꽃, 가지, 애호박, 물봉선화, 오이, 수세미, 잎이나 줄기류

③ **가을**: 후박열매, 무화과, 왕고들빼기, 연잎, 비단풀, 오미자, 으름열매, 개다래, 다래, 담쟁이덩굴, 제비꽃전초, 양파, 민들레뿌리, 꾸지뽕열매, 당귀뿌리, 대추, 탱자, 돌배, 석류, 오미자, 국화, 기타 열매류

④ **겨울**: 둥굴레뿌리, 작약뿌리, 더덕, 까마중열매, 구기자열매, 마가목열매, 쑥뿌리, 우슬뿌리, 생강, 오가피열매, 천문동, 산수유, 토사자, 감국, 산국, 지구자, 유자, 고욤, 산수유, 고사리, 겨우살이, 동백나무, 지치, 칡뿌리, 돼지감자, 상황버섯, 말굽버섯, 운지버섯, 냉이, 돌미나리, 기타 뿌리류

Ⅱ. 산야초 효소 담그는 실습

1. 생강 효소 담그기

• **재료:** 생강 잎, 줄기, 뿌리

① 생강 잎, 줄기 뿌리를 잘게 썰어 설탕과 1:1 정도의 비율로 섞어 밖에서 설탕을 완전히 녹인 후 본 용기에 옮긴다.

② 물이 부족하면 시럽을 만들어 재료가 담길 때까지 부어 준다.

③ 일주일에 2~3회 1개월간 잘 저어 준 후 발을 올려놓고 그 위에 돌로 눌러 놓는다.

2. 박주가리 효소 담그기

• **재료**: 박주가리(라마) 전초

① 박주가리(라마)를 잘게 썰어 설탕과 1:1 정도의 비율로 섞어 밖에서 설탕을 완전히 녹인 후 본 용기에 옮긴다.

② 물이 부족하면 시럽을 만들어 재료가 담길 때까지 부어 준다.

③ 일주일에 2~3회 1개월간 잘 저어 준 후 발을 올려놓고 그 위에 돌로 눌러 놓는다.

제3장 산야초의
효능 및 활용법

101

갈대

- **생약명** : 노근(蘆根)　　**채취부위** : 뿌리　　**개화기** : 9월
- **약성** : 성질은 차고 맛은 달다.
- **효능** : 해열, 이뇨, 해독작용, 지갈

1) 식물의 생태

　　갈대는 물가에서 흔히 자라는 여러해살이풀로서 습기가 많은 곳이면 어디든지 잘 자란다. 키는 1~3m 정도이고 뿌리는 옆으로 길게 뻗어 나가고 마디가 있으며 속이 비었다. 9월에 꽃이 피고, 꽃밥은 자주색에서 자갈색으로 변한다. 10월에 씨가 익으며 색깔이 담자색으로 변하여 열매를 맺는다.

2) 채취시기 및 사용부위

갈대의 땅속 어린 줄기를 노순 또는 위아라 하여 4~5월경 채취하여 죽순처럼 요리를 해서 먹는데 연하고 맛이 달다. 뿌리는 가을부터 봄 사이에 채취하여 말려 사용한다.

3) 효능 및 사용법

열을 내리고 몸 안에 쌓인 갖가지 독을 풀어 주는 작용이 있다. 인체의 면역력을 키워 주고 소변을 잘 나오게 한다.

갈대 뿌리를 예부터 한방이나 민간에서 약으로 귀중하게 썼다. 갈대 뿌리에는 당분, 고무질, 단백질, 무기염류 등이 들어 있으며 이뇨, 지혈, 발한, 소염, 지갈, 해독 등의 다양한 약리 효과가 있다. 열을 내리고 진액을 늘리며 소변이 잘 나오게 하고 숙취를 없애며 간을 보호한다.

새순을 날것으로 먹기도 하며, 옛날 중국에서는 갈대의 어린 싹을 매우 귀한 요리 재료로 여겼으며, 지금도 동남아시아 지방에는 갈대 순으로 만든 요리가 있다.

돼지고기나 닭고기 등 고기를 먹고 체하거나 중독되었을 때에는 갈대 뿌리 말린 것 30~60g에 물 1L를 넣고 달여 0.7L가 되게 만들어 하루 세 번 식간에 복용한다. 그리고 농약 중독이나 식중독, 알코올 중독 또는 중금속 중독인 때에는 갈대 뿌리 50g을 물 1L가 반이 되도록 진하게 달여 먹으면 풀린다. 특히 알코올 중독에는 갈대 뿌리를 차로 달여 늘 마시면 신통한 효과가 있다. 숙취제거에는 음주 전후에 갈대 뿌리 차 한 잔을 마시면 효과가 좋다.

4~5월경 나오는 갈대 새순을 채취 효소를 담가 먹으면 어린이의 성장 발육에도 아주 좋으며 어른들의 호르몬 분비 촉진 및 숙취 해소에도 큰 도움을 준다.

102

꾸지뽕나무

- **생약명** : 자목(紫木)　　**채취부위** : 전체　　**개화기** : 6월
- **약성** : 성질은 따뜻하고 맛은 달고 쓰다.
- **효능** : 어혈 제거, 통경, 항암효과, 간질환

1) 식물의 생태

　　꾸지뽕나무는 뽕나무과에 딸린 낙엽소교목 또는 관목이다. 6월에 꽃
이 피어서 가을에 둥근 열매가 붉게 익는데 사람이 먹을 수 있고 새들이 즐겨 먹는
다. 줄기에는 날카로운 가시가 붙어 있다. 암나무와 숫나무가 따로 있어서 숫나무
에는 열매가 달리지 않는다(개량종은 가시가 없는 것도 있음).

꾸지뽕나무, 활뽕나무 등의 다른 이름이 있고 중국에서는 자목 또는 상자, 지황 등으로 부른다.

2) 채취시기 및 사용부위

뿌리는 가을부터 봄 사이에 채취하며 잎이나 줄기는 여름에, 열매는 늦여름 익을 무렵에 채취하여 사용한다.

3) 효능 및 사용법

약으로 쓸 때는 줄기, 줄기껍질, 잎, 열매, 뿌리를 쓴다. 이 나무는 여성들의 여러 가지 질병에 좋은 약으로서 월경을 통하게 하며 어혈을 풀고 신장의 결석을 없앤다. 또한 근골을 튼튼하게 하고 혈액을 맑게 하는 작용이 있다.

자궁암, 자궁근종에 특효약이라 할 만하다. 위암, 식도암, 간암, 대장암, 폐암, 부인암 등 갖가지 암에 민간요법으로 널리 쓰이고 있는데 가장 탁월한 효과가 있는 질병은 자궁암이다.

건재 10~20g을 물 1L가 반으로 될 때까지 달여 식후 하루 3번 복용한다.

103

갈퀴나물

- **생약명** : 산완두(山豌豆) **채취부위** : 전초 **개화기** : 7~8월
- **약성** : 성질은 평하고 맛은 쓰다.
- **효능** : 타박상, 고혈압, 항암효과, 신경통

1) 식물의 생태

　　　　길가 또는 빈터에서 흔히 자란다. 원줄기는 길이 60~90cm로 네모 지고 각 능선(稜線)에 밑으로 향한 가시털이 있어 다른 물체에 잘 붙는다.

봄에 어린 순을 나물로 해서 먹으며 가시랑쿠라고도 한다.

2) 채취시기 및 사용부위

한방에서 7~9월에 전초를 채취하여 말린 것을 산완두(山豌豆)라 하며, 여름에 씨를 포함한 모든 부분을 채취하여 그늘에서 말려 사용한다.

3) 효능 및 사용법

타박상 및 통증, 신경통, 임질의 혼탁뇨, 혈뇨, 장염, 종기, 암종(癌腫) 등의 치료에 사용한다. 식도암, 유방암, 자궁경부암, 장암, 고혈압증에 뚜렷한 약효가 나타난다.

갈퀴나물의 일반 병에 대한 복용량은 하루 10~15g이고 봄철에 갓 자라난 연한 순을 따다가 나물로 무쳐 먹어도 된다. 쓴맛이 강하므로 끓는 물에 데친 다음 물에 담가 어느 정도 우려낸 후에 간을 맞춰 적절히 조리한다. 약간의 쓴맛은 소화액 분비에 도움을 준다.

어느 정도 자란 것은 까끌하고 먹기가 거북하므로 즙을 내어 마시든지 물에 끓여 음료수로 마신다. 또한 술을 담그기도 하며 봄에 어린잎의 산나물 무침도 항암효과를 가진다.

104
곰보배추

- **생약명** : 설견초(雪見草)　• **채취부위** : 전초　• **개화기** : 5∼6월
- **약성** : 성질은 평하고 맛은 맵고 쓰다.
- **효능** : 기침, 천식, 소염, 면역력 향상

1) 식물의 생태

　　　　각지의 논밭이나 들에 자라는 잡초이다. 꿀풀과에 딸린 여러해살이풀로서 6월 무렵에 연한 보라색의 자잘한 꽃이 가지 끝에 흩어져서 피며 7월에 자잘한 씨앗이 익는다. 잔뿌리가 많으며 전초에서 비릿한 냄새가 나며 겨울철에도 잎이 말라 죽지 않고 바닥에 붙어 퍼져 있는 모양이 배추를 닮았으나 배추보다 크기가 훨씬 작고 잎이 주름진 곰보 모양이라고 해서 곰보배추라고 하며 문둥배추로 부르기도 한다.

2) 채취시기 및 사용부위

가을에서 봄 사이에 전초를 채취해 그늘에서 말려 약으로 쓴다.

3) 효능 및 사용법

곰보배추는 기침을 멎게 하고 가래를 삭이며 온갖 균을 죽이는 작용이 있다. 소변을 잘 나가게 하고 혈액을 맑게 하며, 몸 안에 있는 독을 풀고 기생충을 죽이는 효능이 있다. 혈뇨, 피를 토하는 데, 자궁출혈, 복수가 찬 데, 소변이 뿌옇게 나오는 데, 목구멍이 붓고 아픈 데, 편도선염, 감기, 옹종, 치질, 자궁염, 생리불순, 냉증, 타박상 등에 좋은 치료 효과가 있다. 곰보배추는 여성의 냉증, 생리통, 자궁염, 편두통, 자궁물혹, 염증질환 등 여러 가지 병에 거의 만병통치라고 할 정도로 뛰어난 효력이 있다. 그중에서도 모든 종류의 기침에 탁월한 효과가 있다. 뿌리째 뽑아 푹 달여서 그 달인 물로 막걸리를 담가 먹거나 그냥 물로 달여 먹어도 되는데 건재 10~15g과 물 1L를 넣고 물이 반으로 되도록 달여 식후 복용 하면 된다.

신선한 곰보배추를 짓찧어 즙을 내어 피부병이 있는 부위에 하루 1~2차례 바르면 피부염, 종기, 악창, 습진, 타박상 등에 큰 효험이 있다.

105

강활

- **생약명** : 강활(羌活)　　· **채취부위** : 뿌리　　· **개화기** : 8~9월
- **약성** : 성질은 따뜻하고 맵고 쓰다.
- **효능** : 진통, 감기, 신경통, 관절통

1) 식물의 생태

　　미나리과에 속하는 다년생 초본이다. 뿌리는 묵은 뿌리가 개화 결실 후 썩어 없어져도 뿌리 옆에서 싹이 새로 생겨서 다시 자란다. 이 뿌리를 약용으로 쓰며 당귀와 비슷하게 생겼으나 양지 바르고 건조한 곳에서는 생육이 좋지 못하다.

　　줄기는 곧게 서고 높이가 1~2m에 달하는 것도 있다. 굵은 줄기가 있지만 속은 비어 있고 윗부분에서 잔가지가 많이 갈라진다.

열매는 타원형이며 납작하고 날개가 있다. 꽃이 피고 열매가 열린 후에는 땅속의 묵은 뿌리가 썩으면서 옆에 새로운 뿌리가 생겨나며 번식한다.

강청, 독요초, 장생초, 강호리 등으로 불리고 있다.

2) 채취시기 및 사용부위

가을부터 봄 사이에 뿌리를 채취해 잘 씻어 햇볕에 말리거나 고열에 말려 사용한다. 효소를 담글 때는 봄에 어린새순 전초를 채취하여 담그는 것이 좋다.

3) 효능 및 사용법

뿌리를 강활이라고 한다. 한방에서는 진경, 진통, 치풍제로 신경통, 관절통, 감기로 인한 두통, 발한, 중풍, 사지통 등에 처방 배합한다.

강활은 신경통 관절염 등의 진통약으로 쓰인다. 전신통, 하지통 등으로 몸이 무겁고 권태증을 일으킬 때 달여 먹으면 기분이 상쾌해지고 몸이 아주 가벼워진다.

발한, 이뇨 약으로 감기, 두통, 감기몸살에도 처방해 복용하면 대단한 효과가 있으며 중풍으로 인해 발음이 정확하지 못할 때도 유효하고 간질병이 있는 환자가 발작을 일으켰을 때도 효과가 있다.

물 1L에 10~15g을 넣고 반으로 될 때까지 달여 하루 3번 식후에 복용한다.

 주의사항

단, 빈혈증으로 인한 두통에는
복용을 해서는 안 된다.

106

꿀풀

- 생약명 : 하고초(夏枯草) • 채취부위 : 꽃, 전초 • 개화기 : 7~8월
- 약성 : 성질은 차갑고 맛은 쓰고 맵다.
- 효능 : 이뇨작용, 해독, 소염, 지혈

1) 식물의 생태

가지골나물, 하고초라고도 한다. 꽃은 7~8월에 자줏빛으로 피고 봄에 어린순을 식용한다. 비슷한 종류로 흰색 꽃이 피는 것을 흰 꿀풀, 붉은 꽃이 피는 것을 붉은 꿀풀, 줄기가 밑에서부터 곧추서고 기는줄기가 없으며 짧은 새순이 줄기 밑에 달리는 것을 두메 꿀풀이라고 하며 꿀이 많아서 꿀풀이라고 한다.

2) 채취시기 및 사용부위

　　　　7~8월경 꽃이 필 무렵 전초를 채취하여, 말려 사용하거나 효소를 담그면 맛과 향이 아주 좋다.

3) 효능 및 사용법

　　　　생약 하고초(夏枯草)는 꽃이삭을 말린 것이다.

　한방에서는 임질, 결핵, 종기, 전신수종 연주창에 약으로 쓰고 소염제, 이뇨제로도 쓴다. 고혈압, 결핵, 전염성간염, 소화불량, 젖앓이, 안질환, 구내염, 편도선염, 가래·기침 등 적용 범위가 넓다. 초기의 고혈압으로 인한 갖가지 증상에는 꿀풀과 결명자를 반반씩 배합하여 계속 복용하면 효력이 있다.

　꽃 이삭이 다갈색으로 변할 무렵 꽃과 잎을 함께 채취하여 건조시켜서 수시로 녹차처럼 우려 마시면 여름의 찜통더위를 물리치는 효과가 있으며, 현저한 이뇨작용이 있어서 신장염, 방광염으로 몸이 부을 때 효험이 있다. 신장염, 고혈압, 간염, 소화불량, 가래·기침 등 여러 질환의 치료를 위해서는 은은한 불에 오랫동안 달여 항시 음료로 마시도록 한다.

　하루 6~12g을 물 1L가 반으로 될 때까지 달여 먹는다. 꿀풀 전초를 차로 덖어 항시 우려 마시든지, 끓여서 냉장고에 넣어 두고 물 마시고 싶을 때 음료로 삼으면 몸 전체를 보강하는 데 매우 효과적이다.

107

꽃향유

- **생약명** : 향유(香薷)　　• **채취부위** : 꽃, 전초　　• **개화기** : 9~10월
- **약성** : 성질은 따뜻하고 맛은 달다.
- **효능** : 감기, 기침, 소종, 부종

1) 식물의 생태

　　꽃향유는 산이나 들의 초입에 많이 피어 있으며 가을에 꿀벌에게 꿀을 제공하는 밀원식물이고 한해살이풀이다.

　　온몸에서 강한 향기를 풍기며, 줄기에는 네 개의 모가 나 있고 가지를 치면서 넓게 퍼져 60cm 정도의 높이로 자란다. 잎의 생김새는 긴 계란꼴 또는 긴 타원꼴이고 양 끝이 뾰족하며 가장자리에는 무딘 톱니가 규칙적으로 배열된다. 잎은 깻잎과 비슷하며, 9~10월에 꽃이 피는 여러해살이풀이며 향기가 진하여 꽃향유라는 이름이 붙여졌다.

가을 산이나 들판 등 햇볕이 잘 드는 곳에 가면 무리지어 자생하며, 꿀풀과에 속하고 식물 전체에서 진한 향기를 뿜어내기 때문에 꿀벌이나 벌레들이 많이 모여든다.

2) 채취시기 및 사용부위

9~10월경 꽃이 필 무렵 전초를 채취, 그늘에서 말려 사용하거나 효소를 담그면 맛과 향이 아주 좋다.

3) 효능 및 사용법

더위 먹은 데, 감기, 두통, 오한, 발열, 곽란, 수종, 각기, 기침에 효능이 좋고 차로 끓여서 먹으면 위를 따뜻하게 해 주어 소화를 잘되게 한다. 그 밖에 땀이 나지 않는 증세나 온몸에 부종이 생기는 증세, 각기, 종기 등의 치료약으로 쓰인다. 종기를 치료할 시에는 생풀을 짓찧어 헝겊에 발라 환부에 붙인다.

어린순을 나물로 먹으며, 꽃을 채취하여 술을 담가도 되고 차로 끓여 먹어도 좋다. 생것을 갈아 즙을 내어 양치질을 하면 구취제거에 많은 도움을 주며, 꽃이 한창일 때 채취하여 잘게 썰어 말려 두었다가 감기 기운이 있을 때 상비약으로 쓸 수 있다.

1일 사용량은 10~15g이다.

108

꼭두서니

- **생약명** : 천초(茜草)　　• **채취부위** : 전초　　• **개화기** : 7～8월
- **약성** : 성질은 차갑고 맛은 쓰다.
- **효능** : 지혈, 이뇨, 신경통, 결석

1) 식물의 생태

　　　　전국 산지의 숲 가장자리에서 흔하게 자라며, 덩굴성 여러해살이풀이다. 줄기는 거칠고 길이가 1m 정도이고 네모지며, 잎은 네 개씩 돌려난다. 7～8월에 연한 노란색 꽃이 피며 열매는 9월에 검게 익는다.

2) 채취시기 및 사용부위

뿌리를 이른 봄이나 가을에 캐서 물에 씻은 다음 햇볕에 건조시킨다. 어린잎을 나물로 먹으며 뿌리는 염색 재료로도 쓴다.

3) 효능 및 사용법

한방에서는 뿌리 말린 것을 천근이라 하여 정혈, 통경, 해열, 강장에 처방한다. 뿌리 달임약은 신장과 방광의 결석을 제거하는 데 효력이 있으며 강한 지혈작용을 나타낸다. 자궁출혈, 출혈이 심한 월경, 빈혈, 혈뇨, 혈변, 토혈, 치질출혈, 월경 후 소량이나마 장기간 계속되는 출혈, 타박상의 내출혈, 산후의 많은 출혈 등 여러 가지 출혈 증세에 쓰이는 약재이다. 한약 처방에서는 통경, 정혈, 지혈, 해열, 강장 약으로 첨가하여 쓰고 있다.

하루에 10~15g을 물 1L가 반으로 줄 때까지 달여 세 번에 나누어 복용하면 단단한 결석이 거칠어지고 구멍이 많아지면서 천천히 부풀어 녹아 버리는 상태로 오줌으로 조금씩 배설된다.

뿌리 달인 약을 복용한 후 3~4시간 지나면 불그레한 색깔을 띤 오줌이 나오기 시작한다. 오줌 색깔이 연한 장밋빛을 띠도록 달임약을 충분히 복용해야만 효력을 볼 수 있다.

 주의사항

단, 위장이 약하고 설사하는 사람에게는 이 약재를 사용하지 말아야 한다.

109
까마중

- **생약명** : 용규(龍葵)   • **채취부위** : 전초   • **개화기** : 7~8월
- **약성** : 성질은 차고 맛은 약간 쓰다.
- **효능** : 항암효과, 소염, 이뇨작용, 고혈압

1) 식물의 생태

밭 주변이나 민가 근처에서 잘 자라며 용규, 깜뚜라지, 까마중 등등 여러 이름이 있다.

꽃은 5~9월에 흰색으로 핀다. 열매는 장과로 둥글며 7월부터 검게 익는데, 단맛이 나지만 덜 익은 열매는 약간의 유독성분을 가지고 있으므로 될수록 따먹지 않도록 유의해야 한다. 그러나 인체에 큰 피해를 줄 정도는 아니다.

2) 채취시기 및 사용부위

　　　　꽃이 필 때부터 가을 사이에 지상부나 뿌리를 채취하여 그늘에서 말려 사용한다. 한방에서는 풀 전체를 캐서 말린 것을 용규(龍葵)라 하며 약으로 쓴다.

3) 효능 및 사용법

　　　　감기, 만성기관지염, 신장염, 고혈압, 황달, 종기, 암 등에 처방한다.

꽃을 달인 물은 가래 약으로 효과적이며, 눈을 자주 씻으면 눈이 밝아진다. 또한 설사, 이질을 중단시킬 수 있다.

잎, 열매를 알코올에 우려낸 것은 방부약, 염증약이 되며 진통약으로서 두통, 류머티즘에 효과가 있다. 민간에서는 강장 약으로 소중히 여겼으며 이뇨, 신석증(신장 결석), 물고임에 써 왔다.

말린 잎과 줄기 30g을 뱀딸기 15g과 함께 달여 하루 두 번 계속 복용하면 소화기 암과 폐암에 효과가 있으며 까마중 30g에 속썩은풀(황금) 60g과 지치뿌리 15g을 혼합하여 달여서 하루 두 번에 나누어 매일 복용하면 난소암, 폐암에 효과가 있다.

뿌리를 포함한 모든 부분을 소주에 담가 3개월 정도 숙성시켜 취침 전에 조금씩 마시면 약효를 나타낼 뿐만 아니라 피로회복에 매우 효과적이다.

🐞 주의사항

덜 익은 열매는 약간의 독성이 있으므로 먹지 않도록 한다.

110

구릿대

- **생약명** : 백지(白芷) **채취부위** : 뿌리 **개화기** : 7~8월
- **약성** : 성질은 따뜻하고 맛은 맵다.
- **효능** : 진통, 소종, 감기, 항암효과

1) 식물의 생태

　　미나리과 식물로서 여러해살이풀이다. 뿌리는 굵으며, 잎은 어긋나고 깃 모양의 겹잎이 2~3회 나오고 가장자리에 예리한 톱니가 있으며 뒷면이 흰 빛이 돈다. 산골짜기의 습지 냇가에서 자라며 7~8월에 흰색 꽃이 피는데 어린잎은 식용한다. 백지(白芷), 대활(大活), 흥안백지, 독활, 구리대, 굼배지라고도 한다.

2) 채취시기 및 사용부위

가을에 잎이 질 무렵 굵은 뿌리줄기를 채굴하여 꼭지와 잔뿌리를 다듬은 후 물에 씻어 햇볕에 건조시키거나 고열에 말려 사용한다. 효소를 담글 때는 봄에 새순을 채취하여 사용하는 것이 더 좋다.

3) 효능 및 사용법

한방에서는 뿌리를 말려 만든 생약을 백지라 한다. 진통 진정작용이 있으며, 따라서 안면신경통, 두통, 편두통, 치통, 요통, 온갖 통증에 특별한 효험을 나타낸다. 뿌리를 잘게 썰어 달임약으로 복용하면 피를 잘 돌게 하고 고름 나오는 것을 없애며 새살이 잘 돋아나게 한다. 잎을 말려 달임약으로 써도 약의 효용성이 있다. 달임약은 10~15g을 물 1L가 반으로 줄 때까지 달여 하루 세 번 먹는다.

봄에 자라나는 연한 순을 뜯어다가 나물로 무쳐 먹지만 매운맛을 가지고 있으므로 살짝 데쳐서 잠시 찬물에 담가 우려내서 간을 맞춰 조리하는 것이 일반적이다. 그러나 이 매운맛을 나름대로 별미라 여긴다면 물에 두세 번 헹구기만 해도 괜찮다.

🐞 주의사항

너무 많은 양을 달임약으로 쓰면 독미나리의 경련독과 비슷한 성질이 생겨나서 마비증세를 일으키는 수가 있다.
구릿대 뿌리줄기의 경우는 소량씩 달여 복용해야 한다.

111

구기자나무

- **생약명** : 지골자(地骨子)   **채취부위** : 열매   **개화기** : 6~7월
- **약성** : 성질은 따뜻하고 맛은 달다.
- **효능** : 보익강신, 항암효과, 원기회복, 신경쇠약, 연년익수, 피로회복

1) 식물의 생태

　　마을 근처에서 잘 자라지만 재배를 더 많이 하는 편이다. 높이 3m 정도의 낙엽관목으로서 어린가지는 회색이고 6~7월에 자주색 꽃이 핀다.

2) 채취시기 및 사용부위

열매는 8~10월에 붉은색으로 익을 때 채취하여 햇볕에 말려 쓰는데, 열매 말린 것을 구기자라 하고 뿌리껍질 말린 것을 지골피(地骨皮)라 한다. 구기자 나무는 뿌리, 잎, 줄기, 열매, 단 한 가지도 버릴 것 없는 약용식물이다.

3) 효능 및 사용법

구기자나무는 먼 옛날부터 워낙 유명한 식물이다.

지골피는 강장, 해열제로 폐결핵, 마른기침, 신경쇠약, 당뇨병에 쓰고 염증 제거와 해열과 폐의 열기를 내려준다. 민간에서는 요통에 지골피를 달여 먹는다.

중국 진시황이 불로초를 구해 오라 한 것이 바로 이 구기자라는 설이 있다. 구기자는 몸속의 나쁜 기운을 쫓아내는 장수 식물로 널리 알려져 있으며, 또 남자의 양기를 북돋워 주는 강한 약성이 있어서 중국의 고대 의서에서는 객지생활의 독수공방에서는 섣불리 먹지 말라고 경고하였다.

잎을 차처럼 달여 마시면 간을 보호하는 데 좋으며, 구기자로는 술을 담가 강장제로 쓴다.

붉게 익은 열매는 술에 담가 숙성시켜서 아침저녁으로 마시면 두통, 무력증, 현기증, 요통, 갈증에 좋은 약이 된다.

하루에 말린 잎 30~60g을 달여 먹는다. 구기자는 그 어떤 부위라도 상시 복용해도 무방하다.

112

광나무

- **생약명** : 여정목(女貞木)　　• **채취부위** : 열매　　• **개화기** : 5～7월
- **약성** : 성질은 서늘하고 맛은 쓰다.
- **효능** : 신경쇠약, 자양강장, 혈압강하, 만성기관지염, 동맥경화

1) 식물의 생태

　　여정목, 광나무라고 부르기도 한다. 그 열매를 여정실(女貞實) 또는 여정자라고 하며, 정절을 지키는 여자처럼 매서운 추위 속에서도 고고하고 푸른 자태를 그대로 지니고 있다 하여 이런 이름이 붙었다.

　　열매는 길이 7～10mm로 10월에 까맣게 익어 겨울 동안 매달려 있는데, 그 생김새가 쥐똥을 닮았다.

비슷한 나무로서는 남정목이 있으며, 열매의 모양이나 크기가 비슷하지만 여정목의 열매가 조금 더 크며 남정목은 낙엽성이고 여정목은 잎이 지지 않는 사철나무이다. 남정목은 야산에 많이 자생하며, 여정목은 주로 울타리 용으로 많이 심는다.

2) 채취시기 및 사용부위

잎, 열매, 가지 등 어느 부분이나 약으로 쓸 수 있지만 주로 늦가을에 검게 잘 익은 열매를 채취하여 살짝 씻어 말려 약으로 쓴다.

3) 효능 및 사용법

광나무는 간과 신장의 기능을 좋게 하기 때문에 소변을 잘 나오게 하고 허리와 무릎이 아픈 것을 고치며 음이 허하여 생기는 일체의 병증을 치료한다.

오래 복용하면 눈이 밝아지고 심장이 튼튼해지며, 눈앞에 헛것이 왔다 갔다 하는 증상, 이명, 가슴이 두근거리는 심계, 현기증, 신경쇠약, 근골이 쑤시고 결리는 것, 허리와 무릎에 힘이 없고 시큰거리는 증상 등을 치료한다. 노인이 오래 복용하면 흰머리가 검은 머리로 바뀌면서 젊음을 되찾는다고 하며 여성이 먹으면 몸에서 향기가 나고 피부가 고와지며 대하증이나 냉증 등도 낫는다.

열매로 술을 담가 조석으로 식후 한두 잔 정도 복용하는 것이 좋으며, 특히 여성이 광나무 열매를 늘 복용하면 질투심이 없어지고 정숙한 사람으로 바뀐다는 말도 전해져 내려오고 있다. 광나무 열매는 예로부터 자음생정약(滋陰生情藥)으로 유명하여 늘 먹으면 정기가 증강되고 무병장수한다.

113

골풀

- **생약명** : 등심초(燈心草)   • **채취부위** : 전초   • **개화기** : 6~7월
- **약성** : 성질은 서늘하고 맛은 달다.
- **효능** : 해열, 불면증, 신석증, 야제증

1) 식물의 생태

들판의 물가나 습지에서 자란다. 꽃은 6~7월에 피며 녹갈색이며 일본에서 많이 재배하는데 다다미 판 위를 덮는 자리 재료로 쓰며 그 밖에 방석, 돗자리 등의 재료로 쓴다.

2) 채취시기 및 사용부위

　　　　　　뿌리를 포함한 전초를 사용하지만, 늦여름과 이른 가을 사이에 줄기를 잘라서 대칼로 세로로 쪼개 속살(속심, 속골)을 꺼내서 햇볕에 말린 다음 약재로 많이 쓴다.

3) 효능 및 사용법

　　　　　　생약 등심초는 줄기 속을 말린 것으로 한방에서는 진통, 이뇨, 지혈 등에 처방한다. 마음속의 울화, 열이 높은 화병(심열)으로 가슴이 아프고 답답한 증세, 이로 인하여 생기는 불면증과 심신의 불안, 그리고 허파의 열기(폐열)와 함께 기침이 잦은 증세에 이 골풀은 좋은 약이 되고 있다.

　뿌리는 신장의 결석을 부풀려 부수고 녹여 버리는 중요한 작용을 한다. 뿌리는 물론 잎과 줄기도 신석증에 효과가 있으며 호흡기질병, 소변장애, 신장염에 쓰인다. 산후의 몸이 붓는 데(부종)에도 쓰고 있다.

　속살 한 줌과 결명자씨 10g, 강냉이 수염을 배합하여 달인 약을 하루 세 번에 나누어 마시면 더욱 효과적이다. 한편 어린아이의 경풍과 야제증(원인 없이 밤중에 발작적으로 울어대는 병)에도 약용한다는 기록이 있다. 속살의 하루 복용량은 2~4g 정도이다. 민간에서는 꽃과 뿌리줄기의 달임약을 이뇨, 방광염, 콩팥질병, 신석증, 물고임, 자궁출혈, 설사, 간질병 치료에 써 왔다고 전해진다.

114

골담초

- **생약명** : 금작화(金雀花)　　• **채취부위** : 뿌리, 꽃, 줄기　　• **개화기** : 5〜6월
- **약성** : 성질은 평하고 맛은 쓰고 맵다.
- **효능** : 혈액순환, 신경통, 골다공증, 두통

1) 식물의 생태

　　　금계아, 수화침, 금작목, 금작화, 강남금풍, 장판자라고도 한다. 중국 원산이며, 우리나라 중부지방의 산지에 자생하는 낙엽지는 관목으로 콩과 식물이다.

　　높이는 2m 정도로 자라며, 가지가 사방으로 늘어지고 회갈색을 띠며 가시가 있다. 5월에 꽃이 피는데 처음에는 노란색으로 핀 후에 적황색으로 변해 가며, 9월에 열매가 익는다.

2) 채취시기 및 사용부위

뿌리, 꽃, 줄기, 잎, 모두를 사용할 수가 있으며 뿌리를 쓰려면 가을이나 봄, 줄기와 꽃은 여름에 채취하여 말려서 사용한다.

3) 효능 및 사용법

한방에서는 뿌리를 이뇨, 강심, 진통, 통경, 신경통 등의 약재로 쓴다. 뿌리를 주로 약재로 쓰는데 신경통의 특효제로 소문나 있다. 뿌리를 깨끗이 씻어 건조시켰다가 달여 마시면 풍사, 풍통을 없애고 관절염 및 뼈가 부러져 쑤시고 아플 때, 삔 데, 타박상에 약효를 발휘한다. 또 민간에서는 잎이 붙은 가지를 꺾어다가 달여 마시면 수면장애, 월경이 없을 때, 고혈압, 기침 감기, 위장병을 가라앉힌다는 효험이 과거부터 알려져 있다. 골담초는 우리나라 민간요법으로 신경통, 거담, 골약(骨弱), 관절염, 편두통, 설사, 강장작용, 알코올중독, 골절, 각통(脚痛) 등에 널리 이용되고 있는데 이 생약을 골담초라고 한 것은 예부터 뼈에 관련된 질병에 사용된 것에서 유래된 것으로 보인다.

고혈압에는 30~40g의 뿌리를 물 1L가 반으로 줄 때까지 달여 1일 3회 식후에 복용한다.

타박상이나 골절에는 생 뿌리의 즙을 환부에 붙이고 달여서 그 물을 함께 먹는다. 꽃을 튀김으로 조리해도 좋으며, 녹차를 마실 경우 이 꽃 한두 송이를 띄우면 정취가 있다.

115

고삼

- **생약명** : 고삼(苦蔘)　　**채취부위** : 뿌리　　**개화기** : 6~7월
- **약성** : 성질은 차고 맛은 쓰다.
- **효능** : 건위, 해열, 이뇨, 살충

1) 식물의 생태

　　　　　도둑놈의 지팡이, 너삼, 뱀의 정자나무라고도 한다. 우리나라 산과 들
판에 자라는 여러해살이풀로서, 키가 1~1.5m 정도이고 잎은 아카시아 잎과 비슷하
며 황기와 닮았지만 황기에 비해 줄기의 색이 녹색에 더 가깝다.

　　뿌리는 크고 굵으며 아주 쓴맛이 강하고 꽃은 6~8월에 연한 황색으로 피고 열매는
9~10월에 열리는데 협과로서 씨와 씨 사이가 잘록하게 들어가 염주 모양이다.

　　같은 속의 식물로 산두근(山豆根)이 있는데 생김새가 매우 비슷하며 산두근은 건

조하면 표면의 코르크층이 떨어져 나오는 특징이 있다.

2) 채취시기 및 사용부위

가을에 낙엽이 진 후 뿌리를 채취하여 잘 씻어 잘게 쓴 후 고열이나 양지에서 말려 쓴다. 뿌리 말린 것을 고삼이라 하는데 맛이 매우 쓰다.

3) 효능 및 사용법

뿌리에는 인삼의 효능이 있고 소화불량, 신경통, 간염, 황달, 치질 등에 처방한다. 민간에서는 줄기나 잎을 달여서 살충제로 쓰기도 한다.

고삼은 최근 암에 효능이 있다고 하여 주목받고 있는 식물이며 뿌리엔 건위작용이 있어서 소화불량, 식욕부진에 효과가 있으며 이뇨, 진통, 해열, 살충, 자궁출혈에 약재로 쓰인다. 오래 조금씩 달여 마시면 강장약의 구실을 하며, 특히 여성들의 성기능을 높인다고 한다. 달임약으로 많이 쓰고 1일 복용량은 5~10g이다.

주의사항

쓴맛이 매우 강하고 약간의 독성이 있으므로 신체허약자, 소화기질환, 임산부에게는 쓰지 않는 것이 좋다. 살충 효과가 강하여 유기농 살충제로 쓰기도 하며, 예전에는 화장실의 구더기를 없애기 위해 뿌리와 전초를 잘게 썰어 변기 속에 뿌리곤 했다.

116
겨우살이

- **생약명** : 상기생(桑寄生)　　• **채취부위** : 전체　　• **개화기** : 11월
- **약성** : 성질은 따뜻하고 맛은 달다.
- **효능** : 강심, 거풍, 항암작용, 청혈

1) 식물의 생태

　　참나무, 팽나무, 자작나무, 뽕나무, 떡갈나무, 버드나무, 오리나무, 밤나무 등의 활엽수에 주로 착생하여 사는 기생식물로 숙주식물의 영양소를 흡수하며 살아간다. 11월경 개화하여 투명하고 둥근 열매가 달리며 초봄이 되면 노란색으로 열매가 익는다. 열매의 과즙은 찐득찐득하여 새들이 먹고 배설하여 다른 나무에 잘 붙는다. 곡기생, 상기생 등의 여러 이름이 있다.

2) 채취시기 및 사용부위

　　　　　이른 봄, 열매가 노랗게 익을 무렵 채취하여 잘게 썰어 고열이나 양지에서 말려 사용한다. 하지만 약으로 쓰는 상기생은 주로 참나무나 뽕나무, 자작나무에 붙어 있는 것을 사용하고 밤나무나 버드나무에 붙어 있는 것은 사용하지 않는 것이 좋다.

3) 효능 및 사용법

　　　　　겨우살이는 항암작용이 가장 강력한 식물의 하나이다. 유럽에서는 암 치료에 가장 탁월한 효과가 있는 식물로 겨우살이와 털머위를 꼽고 있을 정도이다. 한방에서 줄기와 잎을 치한(治寒), 평보제(平補劑), 치통, 격기(膈氣), 자통(刺痛) 요통(腰痛), 부인 산후 제증, 동상, 동맥경화에 사용한다. 민간에서 겨우살이를 달여서 먹고 위암, 신장암, 폐암 등을 치유한 사례가 있다. 겨우살이는 고혈압 치료제, 고혈압으로 인한 두통, 현기증 등에도 효과가 있고 마음을 진정시키는 효과도 탁월하다. 신경통, 관절염에 효과가 있다. 겨우살이 전체를 독한 술에 담가 두었다가 1년 뒤에 조금씩 마시면 관절염, 신경통에 큰 효과를 본다.

　독성이 없으므로 누구든지 안심하고 사용할 수 있는 만능약이 바로 겨우살이다.

　하루 30~40g을 물 1.5L가 반으로 줄 때까지 달여 차 대신 마신다.

117

개머루

- **생약명** : 사포도(蛇葡萄) **채취부위** : 뿌리, 줄기 **개화기** : 5~6월
- **약성** : 성질은 따뜻하고 맛은 달다.
- **효능** : 간질환, 청혈작용, 이뇨작용, 신장질환

1) 식물의 생태

　　개머루는 사포도, 사포도근, 산고등, 산포도, 까마귀머루, 뱀포도 등으로 부르는 덩굴성 식물이다. 5~6월에 꽃이 피고 8~9월에 열매가 익는다. 열매의 크기가 일정하지 않고 열매의 색깔도 익으면서 파랗던 것이 하얗게 변했다가 빨갛게 되고 마지막에 검푸르게 변한다. 잎과 줄기는 포도나무와 닮았고 열매도 포도를 닮았으나 맛이 없어 먹지는 않는다.

2) 채취시기 및 사용부위

　　　　　　뿌리와 줄기를 주로 사용하지만 봄에 수액을 받아 사용하기도 한다. 줄기는 가을에 낙엽이 질 때쯤 채취하고 뿌리는 초겨울부터 봄 사이에 채취하여 잘 씻은 다음 양지에 말려 약으로 쓴다.

3) 효능 및 사용법

　　　　　　간 기능을 좋게 하고 소변을 잘 나오게 한다. 봄에 수액을 받아 마시면 간염, 간경화, 지방간 등 간병과 복수가 차는 데 효험이 있다. 간의 탁한 피를 맑게 하여 간의 기능을 본래대로 회복시켜 주는 효과가 있는 약재로 다슬기, 호깨나무, 개머루덩굴 등을 꼽을 만하다.

　줄기와 뿌리는 간염, 간경화, 부종, 복수 차는 데, 신장염, 방광염, 맹장염 등에 효과가 크다. 개머루 수액만 열심히 마시고 간경화를 고친 사례도 적지 않다. 개머루덩굴은 간질환에 신약이라 할 정도로 효험이 뛰어나다. 간염이나 간경화로 복수가 차고 소변 보기가 어려우며 또 신장에 탈이 나서 소변이 붉거나 탁하고 소변이 잘 나오지 않을 때에는 개머루 수액을 마시면 그 효과가 놀랍도록 빠르다. 하루 2L씩 1~3개월 꾸준히 마시면 간염, 간경화도 완치가 가능하다.

　뿌리나 줄기를 사용할 때는 가을철 잎이 지고 난 뒤에 뿌리를 채취하여 잘 씻어 그늘에서 말려 두었다가 약으로 쓴다. 1일 복용량은 15~20g이다.

118

갯기름나물

- 생약명 : 방풍(防風)　　· 채취부위 : 뿌리　　· 개화기 : 6~7월
- 약성 : 성질은 따뜻하고 맛은 달고 맵다.
- 효능 : 해열, 발한작용, 진통, 윤폐

1) 식물의 생태

　　　　미나리과에 딸린 여러해살이풀로 해방풍(海防風), 빈방풍(濱防風), 해
사삼이라고도 하며 바닷가 부근의 모래밭이나 바위 절벽에 붙어서 자란다.

　　꽃은 흰색으로 6~7월에 작은 꽃이 많이 핀다. 열매는 둥글며, 씨가 맺히는 시기
는 7~8월이다. 껍질은 코르크질이고 능선이 있다.

2) 채취시기 및 사용부위

가을이나 겨울철에 뿌리를 캐서 대나무 칼로 겉껍질을 벗겨 말린 다음 잘게 썰어 불에 살짝 볶아서 약으로 쓴다. 겨울철에도 잎이 시들지 않으며, 갯방풍 또는 빈방풍이라고도 하며, 봄철 어린 잎이나 뿌리를 나물로 무쳐서 먹기도 한다.

3) 효능 및 사용법

생약으로 쓰이는 해방풍은 뿌리를 말린 것이며 한방에서는 발한, 해열, 진통약으로 쓴다. 방풍은 이름 그대로 중풍을 막아 주고 기침과 가래를 없애는 데 탁월한 효력이 있는 약초로, 뿌리는 폐를 튼튼하게 하는 데 특효가 있다.

폐결핵, 폐렴 기관지염, 가래, 기침 등 모든 호흡기 질병에 뛰어난 효력을 발휘한다. 감기로 인해 열이 날 때, 머리가 아플 때, 구안와사로 얼굴 한쪽이 마비되었을 때 등에도 효과가 좋다. 하루 30g쯤을 물 1.5L에 넣고 반으로 줄어들 때까지 달여서 하루 세 번에 나누어 마신다. 폐결핵이나 기관지염에 꾸준히 마시면 틀림없이 큰 효험을 볼 수 있다. 안면신경마비나 가벼운 중풍도 오래 마시면 반드시 풀린다. 폐 기종에는 갯방풍 열매 또는 뿌리 5~6g을 1회분으로 끓여서 1일 2~3회 10일 정도 먹는다.

주의사항

한의학적 질병 중 하나인 풍사(風邪)가 아닌 다른 원인에 의한 경우는 매우 신중해야 한다. 복용 중 황기를 금한다.

119
강아지풀

- **생약명** : 구미초(狗尾草) **채취부위** : 뿌리 **개화기** : 8~10월
- **약성** : 성질은 평하고 맛은 달다.
- **효능** : 살충효과, 안질환, 이뇨작용, 외상치료

1) 식물의 생태

구미초, 광영초, 곡유자, 세초, 개꼬리풀이라고도 하며 벼과에 딸린 한해살이풀로서 높이는 40~70cm 정도 된다. 7~10월에 꽃이 피며 연한 녹색 또는 자주색이며 들판의 풀밭이나 길가 황무지 등에 많이 자란다. 여름부터 가을에 걸쳐 길이 4~10cm쯤 되는 조와 같은 모양새의 이삭이 줄기 끝에 생겨나며 익어 감에 따라 점차 고개를 숙인다.

2) 채취시기 및 사용부위

9~10월에 뿌리를 캐서 말려서 쓰고 옛날에 식량이 부족할 때는 씨앗을 구황식품으로 먹기도 했으며, 한방에서는 뿌리를 약으로 쓴다. 유사종으로 갯강아지풀과 수강아지풀이 있으며, 수강아지풀은 조와 잡종으로 이삭이 더 크고 길다.

3) 효능 및 사용법

우리나라 전역에 약 5종이 있으며 모두 강아지풀로 불리고 있으며, 구별 않고 약으로 쓰고 민간에서는 촌충 구제약으로 쓰기도 했다.

오줌을 잘 나오게 하며 여러 가지 상처와 창양, 눈의 충혈, 버짐 치료에 사용한다. 피부질환이 생기면 달여서 씻어 내든가 생잎을 짓찧어 촉촉한 물기가 있을 때 곧장 환부에 붙여야 약성이 배어 들어 효험이 나타난다.

촌충 구제약으로 쓸 때는 뿌리 말린 것 15~20g을 물 1L가 반으로 줄어들 때까지 달여 하루 3번 식전 혹은 식간에 복용한다.

120

개나리

- **생약명** : 연교(連翹)　　• **채취부위** : 열매　　• **개화기** : 4~5월
- **약성** : 성질은 서늘하고 맛은 쓰다.
- **효능** : 해독, 소염, 해열, 거습

1) 식물의 생태

　　개나리는 물푸레나무과에 속하는 낙엽이 지는 관목이다.

　줄기는 속이 비어 있거나 사다리 모양이고 잎은 마주나며 긴 알 모양으로 5~6cm 정도이다. 꽃은 4~5월에 피며 직경 1.5~2.5cm의 통꽃으로, 꽃받침은 4개가 꽃통의 중간 이상까지 감싼다.

　개나리에서 흥미 있는 특징의 하나는 이화주성, 즉 꽃에 장주화와 단주화 두 가지가 있어 이들이 각각 다른 나무에 달린다는 것이다.

한의학계에서는 의성 개나리의 열매를 연교라고 하는 사람도 있고, 전체 개나리를 통틀어 연교라고 하는 사람도 있으나 여기서는 개나리의 생약명을 연교라고 부르기로 하였다.

2) 채취시기 및 사용부위

꽃을 채취하여 효소에 첨가할 때는 이른 봄에 꽃이 막 피기 시작할 때가 좋으며, 열매를 사용할 때는 여름에 열매가 완전히 익은 다음 채취하여 약으로 쓴다.

3) 효능 및 사용법

개나리에는 스테로이드, 사포닌, 플라보놀류 및 마테레지노이드가 함유되어 있다. 연교는 발열증상, 초기 고열, 변조, 구갈, 피부발진이 보이는 경우나 외과의 창양종독, 옹저, 습진 등의 치료에 쓴다. 특히 고열을 내리는 효과가 있어 상용 해열제로 사용되며 상반신의 염증에 좋다. 연교의 과피에는 올레아놀산이 함유되어 있어 강심, 이뇨작용이 있다. 방광의 습열을 제거하는 데도 효과가 있다.

발열성 병증에는 금은화, 황련, 황금을 배합하여 사용하면 효능이 강해진다. 기관지염, 편두염, 습성, 후두염에는 화농된 단계에 연교 80g을 물 2L가 반으로 줄 때까지 달여 하루에 3~5회 식후에 3일 정도 마시면 된다. 비뇨기계 질환에는 각 부위의 염증, 결석에 연교 80g을 단용하거나 모근, 차조기를 가미하여 사용하면 효과적이다.

121

개다래

- **생약명** : 목천료(木天蓼)　　**채취부위** : 열매　　**개화기** : 4∼5월
- **약성** : 성질은 서늘하고 맛은 쓰다.
- **효능** : 해독, 소염, 해열, 거습

1) 식물의 생태

　　목천료(木天蓼), 천목실(天木實), 등천료(藤天蓼), 홍잉조, 우내시, 말다래나무, 개다래나무, 쥐다래나무로 부르기도 한다.

　　낙엽활엽 덩굴나무로서 높이는 약 5m이다. 암수딴그루로 작은 가지는 어릴 때 연한 갈색 털이 나며 간혹 가시같이 센 털이 나고 골속은 흰색이며 차 있다. 잎은 어긋나고 막질(膜質)이며 달걀꼴 긴 타원형으로 길이는 8∼14cm 정도이다. 꽃은 6∼7월에 피는데 지름이 1.5cm 정도로 흰색이며 향기가 있다. 열매는 액과(液果)로 긴 타원형 또는 둥근 달걀꼴이며 끝이 뾰족하고 길이는 2~3cm로 9~10월에 황색으로 익는다.

2) 채취시기 및 사용부위

열매를 사용할 때는 9~10월경 열매가 완전히 익기 전에 채취하여 사용하며, 뿌리나 줄기를 사용할 때는 늦가을 잎이 질 무렵 채취하여 잘게 썰어 완전히 말린 다음 사용한다. 또한 늦은 봄 수액을 받아 사용하기도 한다.

3) 효능 및 사용법

보온, 강장, 거풍 등의 효능이 있으며 요통, 류머티즘, 복통, 월경불순, 중풍, 안면신경마비, 통풍에 사용한다. 개다래로 생약(生藥)인 목천료(木天蓼)를 만들어, 이것으로 몸을 덥히는 데 사용되는 천료주(天蓼酒)를 만든다.

벌레에 의하여 덩어리 모양의 혹이 생기는데 이것을 가을에 따서 뜨거운 물에 담갔다가 말린 것을 한약명 목천료라고 한다.

개다래의 덩굴을 건조시킨 것을 천목만(天木蔓)이라고 하며 벌레혹이 없는 열매를 건조한 것을 천목실(天木實)이라고 한다.

한방에서는 몸을 따뜻하게 하여 진통해열약으로 사용하며, 민간에서는 술로 담가 천료주라 하여 몸을 따뜻하게 하는 데 사용한다. 특히 고양이속의 동물이 이것을 먹으면 이상적으로 흥분한다는 설이 있다. 수액을 사용할 때는 1일 2L 정도 마시며, 열매를 사용할 때는 채취 후 살짝 찐 후 말려 사용한다.

201

노루발풀

- **생약명** : 녹제초(鹿蹄草)　　• **채취부위** : 전초　　• **개화기** : 6~7월
- **약성** : 성질은 평하고 맛은 달고 쓰다.
- **효능** : 해열, 해독, 진통, 소염작용, 강정작용

1) 식물의 생태

　　　　노루발풀은 야산 소나무가 적당히 자리한 반 양지에 잘 자라는 여러해
살이풀로서 겨울에도 잎이 시들지 않는다. 뿌리가 발달되지 않고 곰방이류와 공생하여
영양을 얻는 균근식물이므로 옮겨심기나 주변의 생장 조건이 바뀌면 죽어 버린다.
　　꽃은 6~7월에 피고 노란빛을 띤 흰색이며, 열매는 9월에 갈색으로 익는다. 녹
제초란 잎의 형태가 노루의 발자국과 비슷하다고 하여 붙은 이름이라는 설과 노루

의 서식지에 많이 자생하여 붙었다는 설도 있다.

뿌리에서는 향이 좋은 약 내음이 강해 차 안에 두어도 그 약효가 전해 오는 느낌을 받는다.

2) 채취시기 및 사용부위

6~7월 꽃이 필 무렵 전초를 채취하여 묵은 뿌리는 잘라 버리고 잘 씻어 그늘에서 말려 사용한다. 효소를 담글 땐 연중 어느 때나 상관없으나 꽃이 피는 시기에 채취하여 사용하는 것이 약성이 가장 좋다.

3) 효능 및 사용법

한방에서 줄기와 잎을 단백뇨에 처방하고 생즙은 독충에 쏘였을 때 바른다. 중국에서는 말린 풀을 가루로 빻아 피임약으로 쓴다고 한다. 남자의 경우 과다한 성교로 인하여 허리가 아프다든지, 발기력이 쇠약해졌을 때에 주로 약용하며 정력을 강하게 하고 양기를 북돋우는 데도 상당한 효과가 있다.

습기로 인하여 뼈마디가 저리고 아파지면서 생기는 관절통과 노인의 만성관절염, 또 근육의 손상으로 일어나는 전신관절, 근육통증, 신경통에 효험이 있으며, 반신불수, 다리에 맥이 빠질 때에도 약용한다. 말린 전초 10~15g을 물 1L가 반으로 줄 때까지 달여 1일 3회 식후에 복용한다.

살균작용이 뛰어나 가벼운 타박상이나 베이거나 상처를 입어 피가 나올 경우, 벌레·뱀·개에 물렸을때 응급조치로 잎을 짓찧어 붙인다. 민간에서는 신경통과 류머티즘, 근육통, 관절통 등에 달여 마시고 가래를 없애는 데도 쓴다.

202

느릅나무

- **생약명** : 유근피(楡根皮) · **채취부위** : 뿌리껍질 · **개화기** : 5~6월
- **약성** : 성질은 평하고 맛은 달다.
- **효능** : 항암작용, 위장질환, 소염작용, 신장질환

1) 식물의 생태

　　유피, 유근피, 춘유(春楡) 또는 가유(家楡)라고도 한다. 봄에 어린잎은 식용하며, 산 속 물가나 계곡 근처에서 잘 자란다. 높이 10~20m로 크게 자라고 껍질은 검은 회갈색으로 불규칙하게 세로로 갈라지고, 잎은 가장자리에 톱니가 있으며 타원형으로 끝이 뾰족하다. 꽃은 연황록색으로 5~6월에 잎보다 먼저 핀다.

　　느릅나무의 종류는 참느릅나무, 떡느릅나무, 비술나무, 팽나무 등이 있다.

2) 채취시기 및 사용부위

나무의 껍질을 유피, 뿌리껍질을 유근피라고 한다. 뿌리를 쓸 때는 가을부터 봄까지 채취하여 껍질을 벗겨 사용하고, 잎이나 줄기를 쓸 때는 여름에 채취하여 말려 사용한다.

3) 효능 및 사용법

한방에서 껍질을 유피(楡皮)라고 하며 치습(治濕), 이뇨제, 소종독(消腫毒)에 사용한다.

갖가지 종기나 종창에 신기한 효험이 있다. 또한 소변을 잘 나오게 하고 살결을 아름답게 한다. 느릅나무는 고름을 빨아내고 새살을 돋아나게 하는 작용이 매우 강하므로 종기나 종창에 신기한 효과가 있는 약나무다. 부스럼이나 종기에 송진과 느릅나무 뿌리껍질을 같은 양씩 넣고 물이 나도록 짓찧어 붙이면 놀라울 만큼 잘 낫는다.

위궤양, 십이지장궤양, 소장궤양, 대장궤양 등에는 뿌리껍질을 달여 그 물을 마신다. 위암이나 직장암 치료에도 쓰는데, 위암에는 꾸지뽕나무와 느릅나무 뿌리껍질, 화살나무를 함께 달여서 그 물을 마시고 직장암이나 자궁암에는 느릅나무 뿌리껍질을 달인 물로 자주 관장을 한다.

 주의사항

독성은 없지만 약성이 좋은 만큼 너무 장복하는 것을 피해야 한다.

203

냉초

- **생약명** : 참룡검(斬龍劍)　　• **채취부위** : 뿌리　　• **개화기** : 6~7월
- **약성** : 성질은 서늘하고 맛은 쓰다.
- **효능** : 여성질환, 관절염, 다한증, 건위

1) 식물의 생태

　　　　산지의 습기가 약간 있는 곳에서 자란다. 냉초라는 이름은 냉을 고친 다고 해서 붙여진 이름이다. 수뤼나물 또는 숨위나물이라고도 하며 현삼과에 딸린 여러해살이풀이다.

　키는 1~1.5m쯤 자라고 잎은 3~5개씩 돌려나기로 나는데, 잎모양은 넓은 피침 꼴이다.

　6~7월에 붉은빛이 섞인 자주색 꽃이 줄기 끝에 피어서 가을에 둥근 열매가 달린다.

2) 채취시기 및 사용부위

　　　　　주로 뿌리를 약재로 쓰며 가을부터 봄 사이에 채취하여 물로 깨끗이 씻은 다음 햇볕에 말려 쓴다. 잎과 줄기를 약재로 쓸 때는 여름에 꽃이 필 무렵 채취하여 바람이 잘 통하고 직사광선을 받지 않는 서늘한 곳에서 말려 약으로 쓴다.

3) 효능 및 사용법

　　　　　생약의 냉초(冷草)는 뿌리를 말린 것이며 대하증, 각기, 류머티즘, 관절염, 건위, 거담 편두통, 수종, 이뇨, 통경, 중풍, 변비에 사용한다. 월경을 고르게 하고 설사를 멎게 하며, 출혈을 막고 오줌을 잘 나오게 하며, 통증을 진정시키는 등의 여러 작용이 있다. 잎과 줄기는 류머티즘 치료와 통증과 염증약으로 쓰며, 특히 온몸에서 지나치게 땀이 많이 흐르는 증세(다한증)에 효과가 있다.

　민간에서는 뿌리를 설사, 구토, 위장염, 황달에 써 왔다. 일부 나라에서는 전초를 감기, 방광염, 폐결핵 치료를 위해 약용한다. 부인들의 냉증으로 생기는 병, 월경장애에는 뿌리를 달여 약용한다.

　하루 10~15g을 달임약으로 복용한다. 이른 봄에 어린순을 따서 나물로 무쳐 먹는다. 약간의 쓴맛이 있으므로 데친 것을 물에 우려내어 조리한다. 어린 순을 날것으로 막장과 함께 생식하는 것이 건강에 썩 좋으며 녹즙을 내서 마셔도 된다. 잎이 큰 것은 소주에 담가 숙성시켜서 조금씩 마셔도 된다.

204

노박덩굴

- **생약명** : 남사등(南蛇藤) **채취부위** : 열매, 뿌리 **개화기** : 5~6월
- **약성** : 성질은 따뜻하고 맛은 맵다.
- **효능** : 생리통, 소종, 관절통, 해독작용

1) 식물의 생태

남사등, 금홍수, 지남사, 백룡, 과산룡, 노박따위나무, 노방패너울, 노랑꽃나무라고도 한다. 꽃은 5~6월에 피며 빛깔은 노란빛을 띤 녹색이고 10월에 노란색으로 익으며, 종자가 노란색 껍질로 싸여 있는 것을 노랑노박덩굴, 잎 뒷면 맥 위에 기둥 모양의 돌기가 있고 어린 가지와 꽃이삭이 평평하고 넓으며 털이 없는 것을 개노박덩굴, 잎이 둥글고 얇으며 길이와 너비가 각각 10cm 정도이고 잎자루가 2cm 정도인 것을 얇은잎노박덩굴이라고 한다.

2) 채취시기 및 사용부위

봄에 어린잎을 나물로 먹는다. 모든 부분이 약재가 되며, 가을과 이른 봄에 열매를 채취하여 약으로 쓰며, 뿌리나 줄기는 가을부터 봄 사이에 채취해 햇볕에 말려서 사용하거나 고열에 건조시켜 사용한다.

3) 효능 및 사용법

뿌리껍질은 마취성질을 품고 있으며 땀을 내고 오줌을 잘 나오게 하는 동시에 구토와 설사를 멈추고 살충 효과를 나타낸다.

민간에서는 붉은 씨를 거두어 살짝 볶아서 1~1.5개를 아침저녁마다 씹어 먹으면 없었던 월경이 다시 나오며 성기능을 높여 준다고 알려져 있다. 또 익은 씨는 염증약, 방부약, 종양을 죽이는 데 쓰인다.

잎을 즙으로 내어 마시면 아편 중독이 되었을 때 그 독기를 풀어 주어 중독증이 서서히 약화된다. 뿌리를 찧어서 나온 즙을 곪은 피부에 바르면 고름이 빠지면서 시원해진다. 습기로 인하여 뼈마디가 저리고 아픈 증세, 허리와 무릎이 아프고 뼈마디와 근육에 통증이 생길 때, 팔다리가 굳어지며 마비가 될 때, 어린이의 경풍에 오래 달여 먹으면 효과를 보게 된다. 관절통에는 뿌리껍질을 벗겨 말려 달여 먹으면 효과가 좋으며, 또한 해독작용이 있어서 몸속의 독기운을 없애 주는 구실을 한다. 10~15g을 물 1L가 반으로 줄 때까지 달여 1일 3회 식후에 복용한다.

205

노나무

- **생약명** : 재백목(梓白木) · **채취부위** : 열매 · **개화기** : 7~8월
- **약성** : 성질은 따뜻하고 맛은 쓰고 달다.
- **효능** : 간 질환, 청혈, 이뇨, 해독

1) 식물의 생태

한자로 재백목(梓白木)이라고 하며, 중국에서는 추수(楸樹), 의수(椅樹), 의재(椅梓), 목왕(木王)이라 부르는데 『본초강목(本草綱目)』에서는 백 가지 나무 중에서 으뜸이라 하여 목왕(水王)이라 부른다고 했다. 우리나라에서는 개오동나무라고 부르는데, 북한에서는 약효가 몹시 뛰어난 이 나무를 개오동나무라고 부르는 것이 천박하다 하여 향오동나무라고 부른다.

열매가 노끈처럼 길게 늘어져서 노끈나무라고도 부르며 열매의 길이가 보통 30cm쯤 된다. 동부콩과 비슷하지만 그보다 더 길다. 잎이 다 떨어져 버린 겨울에도 노나무는 긴 열매를 주렁주렁 매달고 있어 쉽게 찾아낼 수 있다. 잎은 오동잎을 닮아 크고 시원스럽다. 꽃의 생김새나 목재의 질, 나무의 냄새 모두가 오동나무를 닮았다.

우리 선조들은 노나무를 매우 신성하게 여겼다. 이 나무에는 벼락이 떨어지지 않는다 하여 뇌신목(雷神木) 또는 뇌전동(雷電桐)이라 하며 매우 귀하게 여겼다. 이 나무가 집 안에 있으면 천둥이 심해도 다른 나무에 벼락이 떨어지지 않는다고 했고, 또 이 나무의 재목으로 집을 지으면 벼락이 떨어지는 일이 없다고 했다.

2) 채취시기 및 사용부위

열매가 완전히 익기 전에 따서 그늘에 말린 것을 목각두(小角豆)라 하여 약으로 쓴다.

3) 효능 및 사용법

노나무의 꼬투리 열매는 민간에서 이뇨약(利尿藥)으로 널리 쓴다. 신장염, 복막염, 요독증(尿毒症), 수종성각기, 부증(浮症) 등에 효과가 있으며, 요즘에는 이뇨제 원료로 많이 쓰고 있다. 노나무는 간염, 간경화증, 간암 등의 여러 간질환과 백혈병에 치료효험이 뛰어나다. 열매를 살짝 볶아 가루 내어 쓰기도 하고 그대로 달여 먹기도 하며 1일 사용량은 5~10g이다.

주의사항

약간 독성이 있어서 체질에 따라 부작용이 나타날 수도 있으므로 소양체질의 사람은 매우 조심해서 써야 한다.

206

나무딸기

- **생약명** : 복분자(覆盆子)　• **채취부위** : 열매　• **개화기** : 4~6월
- **약성** : 성질은 따뜻하고 맛은 달고 시다.
- **효능** : 이뇨, 거담, 윤폐, 소종

1) 식물의 생태

　　산딸기의 종류는 꽤 많다. 멍석딸기, 줄딸기, 섬딸기, 겨울딸기, 곰딸기, 맥도딸기, 장딸기, 수리딸기 그 외 하우스딸기 등이 있다. 복분자(覆盆子)는 장미과에 속하는 야생 나무딸기의 생약명으로 5~6월에 흰색 꽃이 피며 7~8월에 검은색 열매가 익는다.

산복분자라는 이름은 이 열매를 먹으면 요강이 뒤집힐 만큼 소변 줄기가 세어진다는 민담에서 유래되어 '엎어질 복(覆), 요강 분(盆), 아이 자(子)'라는 이름을 얻었다.

2) 채취시기 및 사용부위

복분자와 복분자 딸기를 구별해야 할 것 같다. 복분자는 열매가 익기 전 푸른 상태에서 채취하여 말려 약으로 쓰는 것이고, 복분자 딸기는 그 열매가 완전히 익어 검붉은색으로 된 것을 말하며 채취하여 식용 또는 약용한다.

3) 효능 및 사용법

한방에서는 덜 익은 열매를 따서 말린 것을 복분자라고 하며 청량(淸凉), 지갈(止渴), 강장약(强壯藥)으로 사용하며 약으로 쓴다.

현대의학의 약리작용 분석에서도 열매 안에 폴리페놀을 다량 함유하여 항암효과, 노화 억제, 동맥경화 예방, 혈전 예방, 살균효과 등이 있다는 것이 밝혀졌다. 기운을 돋우고 몸을 가볍게 하며 눈을 밝게 하고 머리털을 희어지지 않게 한다.

산딸기는 신장의 기능을 강하게 하여 유정과 몽정을 치료하고 소변의 양과 배설 시간을 일정하게 유지하도록 도와준다. 또 지나치게 정력을 소비하여 허리가 아프고 다리에 힘이 없으며 성 기능이 떨어진 사람에게도 좋은 치료제가 될 수 있다. 덜 익은 것을 채취하여 쪄서 그늘에서 말려 가루를 내어 한 번에 한 숟가락씩 하루에 3번 먹거나 찹쌀 풀로 알약을 만들어 먹는다.

301

도꼬마리

- **생약명** : 창이자(蒼耳子)   • **채취부위** : 열매, 잎   • **개화기** : 8~9월
- **약성** : 성질은 따뜻하고 맛은 쓰고 달다.
- **효능** : 비염, 진통, 발한작용, 해독작용

1) 식물의 생태

　　　　창이, 창이자라고도 한다. 국화과에 속하는 한해살이풀이다.
높이는 1m 내외이고 줄기가 곧게 서며 잎은 길이가 15cm 정도 되며, 넓은 삼각형으로 털이 촘촘히 있고 가장자리에 톱니가 있다. 꽃은 8~9월에 노란색으로 피는데 암꽃과 수꽃이 따로 피며, 수꽃은 다소 둥근 모양이고 수가 많다. 열매는 수과로 넓은 타원형이며 겉에 갈고리 모양의 가시가 붙어 있어 옷이나 짐승의 털에 잘 달라붙어 퍼진다.
　　도꼬마리의 속명은 머리카락을 염색하는 데 쓰인 도꼬마리의 그리스 이름이며 노란색이라는 "xanthos"에서 유래되었다고 하며, "창이자"의 이름은 씨가 푸르고 쥐의 귀를 닮았다 하여 그렇게 부른다.

2) 채취시기 및 사용부위

열매를 쓸 때는 가을에 익은 열매를 따서 모아 햇볕에 말려 쓰거나 볶아서 쓰기도 하고, 잎이나 줄기를 쓸 때는 여름에 잎이 무성할 때 채취하여 그늘에 말려 쓴다.

3) 효능 및 사용법

한방에서는 이것을 치풍(治風), 평산제(平散劑), 가려움증, 옴, 두풍(頭風)에 사용한다.

열매는 진통 작용이 강하며 감기로 인한 두통, 팔다리가 쑤시고, 저린 통증, 냉기를 받아 생긴 관절통, 치통, 신경통을 잘 다스리는 약초이다. 노란 콧물이 흐르기도 하는 코의 염증, 축농증, 기타 문둥병과 류머티즘에도 효과가 있다. 전초는 갑상선 기능 저하에 쓰이며 열성 질병과 동맥경화증 예방, 이뇨 장애에 약용한다. 뱀독과 충독을 해독하는 작용도 있다.

"만응고"란 오월 단오에 도꼬마리 줄기와 잎을 채취하여 깨끗이 씻어 말린 후 약한 불로 오랫동안 달여서 고약처럼 만든 것이다. 궤양성 피부병과 가려움증, 발진, 급성 두드러기, 마른버짐에는 잎과 열매를 함께 달인 물로 하루 몇 차례씩 씻어 내거나 잎줄기를 짓찧어 붙이기도 한다. 씨앗을 가루 내어 물에 타서 수시로 콧속을 씻어 주고 또 그것으로 양치질을 하고 이와 함께 잎과 줄기를 달여 차처럼 마시면 축농증에 효과가 좋다. 하루 복용량은 8~12g 정도이다.

302

달맞이꽃

- **생약명** : 월견초(月見草)   **채취부위** : 열매, 전초   **개화기** : 7~8월
- **약성** : 성질은 따뜻하고 맛은 맵다.
- **효능** : 해열, 소염작용, 고지혈증, 기관지염

1) 식물의 생태

　　　　남아메리카 칠레가 원산지인 귀화식물이며 두해살이풀로서 전국 각지
의 강변이나 밭둑 등에 잘 자란다.

　　줄기는 50~100cm 정도 된다. 꽃은 7~8월에 노란색으로 피고, 저녁에 피었다
가 아침에 조금 붉은색을 띠며 시든다. 씨방은 식용하는 참깨를 닮았으며 9월에 열

리는데 삭과로 4개로 갈라지고 씨는 젖으면 점액이 생긴다.

2) 채취시기 및 사용부위

봄부터 여름에 전초를 채취하여 말려서 쓰고 열매는 가을에 완전히 익기 전 채취 다발을 묶어 세워 두면 씨방이 벌어져 씨가 나온다.

3) 효능 및 사용법

한방에서 뿌리를 월견초(月見草)라는 약재로 쓰는데, 감기로 열이 높고 인후염이 있을 때 물에 넣고 달여서 복용한다.

종자를 월견자(月見子)라고 하여 고지혈증에 사용한다.

달맞이꽃의 어린잎을 계속 식용하면 감기 몸살과 기관지염 예방 치유에 효력이 나타난다. 가을에 뿌리를 캐다가 말린 다음 뿌리를 잘게 썰어 한 움큼씩 뭉근하게 달여 아침저녁으로 복용하면 감기로 인한 고통을 이겨 낼 수 있으며, 인후염·기관지염에도 효험이 있다. 피부염이 생겼을 때 성숙한 생잎을 짓찧어 그 즙을 바르면 예상 외로 거뜬히 치료되며, 꽃과 씨앗은 혈청 내 콜레스테롤의 수치를 떨어뜨린다는 것이 동물 실험 결과 입증되었다. 1회 10~15g씩 복용한다.

303

담배풀

- **생약명** : 천명정(天名精)　　• **채취부위** : 전초　　• **개화기** : 8~9월
- **약성** : 성질은 차고 맛은 맵다.
- **효능** : 해열, 거담, 지혈, 살균작용

1) 식물의 생태

　　　　　야산의 숲 가장자리에서 잘 자라는 국화과의 두해살이풀이다. 높이 50~100cm 정도 되며, 꽃은 8~9월에 노란색으로 피고 열매는 9~10월에 익는다. 식물의 아래쪽 잎은 크고, 위로 올라갈수록 잎의 크기가 작아지는 특징이 있다.

2) 채취시기 및 사용부위

가을에 열매를 건조시켜서 주된 약재로 삼는데 잎, 줄기, 뿌리 전체를 꽃 필 때에 채취하여 말려서 약재로 이용하기도 한다.

3) 효능 및 사용법

한방에서 잎은 천명정(天名精)이라 하여 촌충 구제약으로 쓰고, 열매를 학슬이라고 한다.

익은 열매는 회충, 촌충을 죽이는 등 해충을 제거하는 구실을 하며 무좀균을 없애는 강한 살균성을 가지고 있다. 자그마한 종기들, 고질적인 부스럼, 타박상, 악성 종기, 염증, 상처에서 피가 나는 것에 생풀을 짓찧어 붙인다. 또는 열매, 잎, 줄기, 뿌리를 달인 물로 자주 씻어 내곤 한다. 때로는 전초를 빻은 가루를 깨기름에 이겨서 고약을 만든 것을 환부에 바르기도 한다.

열매를 포함한 전초를 건조시켰다가 달임약으로 복용하면 습기로 인해 뼈마디가 저리고 아픈 데, 배가 불룩하게 붓고 아픈 데, 가래가 끓는 데, 그리고 급성간염, 악성종양, 대장염 등에 효과가 있다. 아울러 혈액순환이 잘되게 하며 해독작용이 있다.

봄에 어린순을 채취하여 나물 무침이나 국거리로 해서 먹는다. 맵고 쓴맛이 좀 나므로 데쳐 찬물에서 우려낸 다음에 조리해야 좋으나 생잎을 깨끗이 씻어 그대로 튀김해도 쓴 기운이 사라진다. 담배풀과 같은 속은 우리나라에 8종이 자라고 있으며 긴 담배풀도 약용, 식용한다. 하루의 열매 복용량은 5~8g이다.

304

돼지감자

- **생약명** : 국우(菊芋) · **채취부위** : 전초 · **개화기** : 8∼9월
- **약성** : 성질은 차고 맛은 맵다.
- **효능** : 변비, 당뇨, 다이어트

1) 식물의 생태

북아메리카가 원산지이다. 땅속줄기의 끝이 굵어져서 덩이줄기가 발달한다.
꽃은 8∼9월에 피고 덩이줄기는 길쭉한 것에서 울퉁불퉁한 것까지 모양이 매우
다양하고 크기와 무게도 다양하다.

덩이줄기 껍질 색깔도 연한 노란색, 갈색, 붉은색, 자주색으로 다양한데, 껍질이
매우 얇아 건조한 공기에 노출되면 금방 주름이 지고 속살이 파삭해진다.

2) 채취시기 및 사용부위

가을부터 봄까지 덩이 뿌리를 채취하여 사용한다.

3) 효능 및 사용법

한방에서는 뿌리를 국우(菊芋)라는 약재로 쓰는데, 해열 작용이 있고 대량 출혈을 그치게 한다. 여러 가지 아픔을 가라앉히는 진통의 효능이 있으며, 특히 자양강장의 효과가 있다 덩이뿌리를 약용, 식용하면 속을 든든히 하고 영양을 축적시킴으로써 질병의 침입을 근본적으로 제거하는 효과가 있다.

생 돼지감자에는 13~20%에 달하는 이눌린 성분이 들어 있다. 이눌린은 췌장을 강화시키는 물질로 당뇨에 좋다. 이눌린은 칼로리가 낮은 다당류로 위액에 소화되지 않고 분해되어도 과당으로밖에 변화되지 않기 때문에, 혈당치를 상승시키지 않으면서 인슐린의 역할을 하여 피곤해진 췌장을 쉬게 할 수 있어 돼지감자를 "천연 인슐린"의 보고라고 극찬하는 학자도 있다. 필자의 어머님도 당뇨로 고생하고 있어서 야생 돼지감자를 캐서 집 앞 밭둑에 심어 놓고 생것을 갈아 요구르트와 함께 복용하고 있으며, 그 효과도 아주 좋은 것으로 나타났다.

많이 먹으면 설사를 하는 경우도 있으며 변비가 있는 사람에게 효과적이다.

305

담쟁이덩굴

- **생약명** : 지금(地錦)   • **채취부위** : 줄기   • **개화기** : 6～7월
- **약성** : 성질은 따뜻하고 맛은 달다.
- **효능** : 거담, 진통작용, 어혈제거, 당뇨

1) 식물의 생태

　　지금, 상춘등, 석벽려라고도 한다. 포도과에 속하며, 낙엽이 지는 덩굴성 관엽식물로 주로 나무나 바위를 감고 올라간다. 꽃은 6～7월에 황록색으로 피고, 열매는 흰 가루로 덮여 있으며 8～10월에 검게 익는다. 잎은 가을에 단풍이 아주 붉게 든다.

2) 채취시기 및 사용부위

주로 줄기나 뿌리를 이용하며, 열매를 약용하기도 한다. 줄기나 뿌리는 가을에 잎이 지고 난 다음에 채취하여 잘게 썰어 고열이나 양지에서 완전히 말린 다음 사용한다. 열매는 가을에 완전히 익은 것을 채취하여 말려 약으로 쓴다.

3) 효능 및 사용법

한방에서 뿌리와 줄기를 지금(地錦)이라는 약재로 쓰는데, 어혈을 풀어 주고 관절과 근육의 통증을 가라앉힌다.

'지금'이란 땅을 덮는 비단이란 뜻이며, 특히 적송을 감고 올라간 것이 단맛이 더 강하며, 옛날 설탕이 없을 때에는 담쟁이덩굴을 진하게 달여서 감미료로 썼다. 이웃 일본에서는 설탕 원료로 쓴 적도 있다고 한다. 담쟁이덩굴은 당뇨병의 혈당치를 떨어뜨리는 효과가 현저하다.

줄기와 열매를 그늘에서 말려 달여서 복용하거나 소주에 담가 3개월쯤 두었다가 조석으로 한두 잔씩 날마다 마시면 풍습성 관절염, 근육통, 어혈, 배 속 갖가지 출혈 등에 상당한 효과가 있다. 적송이나 참나무를 감고 올라간 것만 약으로 쓰고, 줄기나 뿌리를 채취하여 술을 담가도 그 맛이 아주 좋다.

하루 20~30g을 물 1L가 반으로 줄 때까지 달여 1일 3회 식후에 복용한다.

306

대극

- **생약명** : 대극(大戟) · **채취부위** : 뿌리 · **개화기** : 6～7월
- **약성** : 성질은 차고 맛은 쓰다.
- **효능** : 복수염, 신장염, 정신분열증, 옹종

1) 식물의 생태

　　우독초, 자웅, 버들옻, 경대극, 하마선이라고도 부른다. 줄기와 잎의 갈라진 모습이 날카로운 창과 같아서 "대극"이라 하는 설과, 먹으면 인후를 몹시 자극하여 대극이라 부른다는 설도 있다.

　　쥐손이풀목 대극과의 여러해살이풀이며 산과 들에서 자란다. 뿌리줄기는 비대하고, 줄기는 곧게 서며 흔히 밑부분에서 가지를 치고 가는 털이 있다. 높이 80cm 정도

이고, 줄기를 자르면 흰 유액이 나오지만 가을에 뿌리에서는 노란색 유즙이 나온다.

6월경에 황록색 꽃이 배상꽃차례[杯狀花序]를 이루고, 열매는 삭과(蒴果)로 지름 6mm 정도이고 겉에 돌기가 있으며 종자는 약간 둥글다.

2) 채취시기 및 사용부위

가을에서 이른 봄 사이에 뿌리를 채취하여 깨끗이 씻어 고열이나 햇볕에 완전히 말린 후 사용한다. 택칠(어린싹)은 4~5월에 채취하여 사용한다.

3) 효능 및 사용법

생약(生藥)으로 쓰는 대극은 뿌리를 말린 것이며 한방에서는 치습(治濕), 사수제(瀉水劑), 류머티즘, 치담(治痰)에 사용한다. 독이 있고, 폐, 비장, 신장에 작용하여 소변과 대변을 소통시키는 효과가 강력하다.

덩어리인 적을 없애며 붓는 데, 배나 가슴에 수기(水氣)가 있는 증상에 주로 쓰며, 변비·정신분열증·옹종·습창에도 사용한다. 택칠은 부종을 주로 낫게 하고 대소장을 이롭게 하며 학질을 치료하는 데 쓴다.

뿌리를 잘게 썰어 소금물에 약 일주일 이상 담가 두었다가 말려 사용하거나 식초에 볶아 사용한다. 1일 사용량은 3~5g이다.

주의사항

사약의 원료이며 강한 독성이 있으므로 몸이 약하거나 임신부에게는 쓰지 않는다.

307

단풍마

- **생약명** : 천산룡(穿山龍)　　• **채취부위** : 뿌리　　• **개화기** : 6~7월
- **약성** : 성질은 차고 맛은 쓰다.
- **효능** : 청혈작용, 갑상선, 고혈압, 기관지염

1) 식물의 생태

　　　　마과에 딸린 여러해살이 덩굴풀이다. 천산룡(穿山龍) 또는 개산약이라고 부르며, 암수딴그루이고 6~7월에 꽃이 피어 10월에 날개가 달린 열매가 익는다. 뿌리는 굵고 실하며 노란색을 띠고 땅속에서 사방으로 뻗어 나간다.

2) 채취시기 및 사용부위

가을철이나 이른 봄철에 뿌리를 캐서 잘 씻은 다음 잘게 썰어 쌀뜨물이나 흐르는 물에 하루 정도 담가 두었다가 꺼내 고열이나 양지에서 말려 쓴다.

3) 효능 및 사용법

풍습을 없애고 혈을 잘 돌게 하며 경락을 통하게 하며 담을 삭이고 기침을 멈춘다. 약리 실험에서 핏속의 콜레스테롤을 낮추고, 혈압을 내리며, 관상혈관의 혈액순환을 좋게 하고 기침을 멎게 하며 숨찬 증상을 없애는 작용 등이 밝혀졌다.

마비증, 뼈마디의 운동장애, 통증, 타박상, 갑상선종, 갑상선기능 항진증, 가래가 있고 기침이 나며 숨이 차는 증상, 만성 기관지염, 동맥경화증 등을 예방·치료하는 데 쓴다.

단풍마 뿌리에는 여러 종류의 사포닌과 녹말, 그리고 기름 성분이 들어 있다. 고콜레스테롤증, 고혈압과 뇌혈관경화증, 혈액순환이 잘 안 되는 증세에 놀랄 만큼 빠른 치료 효과가 있으며, 방사선 치료의 부작용을 줄이는 효과도 있다.

하루 10~15g을 물 1L가 반으로 줄 때까지 달여 그 물을 1일 3회에 나누어 마신다.

외용약으로 쓸 때는 신선한 것을 짓찧어 붙인다. 잔뿌리를 제거한 굵은 뿌리를 잘게 썰어 말린 다음 소주에 담가 6개월 정도 숙성시킨 후 복용한다.

308

더덕

- **생약명** : 사삼(沙蔘)　　**채취부위** : 뿌리　　**개화기** : 8~9월
- **약성** : 성질은 따뜻하고 맛은 쓰다.
- **효능** : 해열, 해독, 피로회복, 기침

1) 식물의 생태

　　'사삼, 백삼, 산해라'라고도 부른다. 여러해살이 덩굴성 식물로 식물 전체에서 향이 나는 방향성 식물이다. 줄기를 자르면 흰색의 즙액(汁液)이 나오며 8~9월에 종 모양의 자주색 꽃이 짧은 가지 끝에서 밑을 향해 달린다. 열매는 9월에 익는다.

2) 채취시기 및 사용부위

　　　　　새싹은 이른 봄에 채취하여 나물무침을 해 먹는다. 뿌리는 10~11월 경 잎이 지고 난 후 채취하여 약용하거나 식용한다. 꽃이 피었을 때 전초를 채취하여 효소를 담그면 약성이 좋은 음료가 된다.

3) 효능 및 사용법

　　　　　생약의 사삼(沙蔘)은 뿌리를 말린 것이며 한방에서는 치열(治熱), 거담(祛痰) 및 폐열(肺熱) 제거 등에 사용한다.

　　더덕은 해열·해독 작용이 있으며, 과잉된 콜레스테롤을 저하시키고 혈압을 낮춘다. 그리고 유선염, 젖분비 촉진, 피로회복 촉진, 갈증, 오랜 기침에 유효하고 폐와 비장, 신장을 튼튼히 하는 효험이 있다.

　　될수록 냄새가 짙은 것이어야 약효가 뛰어나다. 상처나 종기에 뿌리를 으깬 즙을 바르면 효과가 있다는 응급조치의 민간요법이 전해지고 있다. 강장식품으로 유용하게 쓰이고 있는데 잎도 약이 되는 훌륭한 산나물감으로 이용된다.

　　연한 잎은 무침으로 삼든지 생으로 식사에 곁들이면 그윽한 더덕 내음이 입맛을 돋운다. 또한 성숙한 잎도 버리지 말고 생째로 잘게 썰어 비빔밥이나 채소무침, 볶음밥, 부침개에 조금씩 가미하면 역시 더덕 향취가 은근히 풍기는 별미에 친근감을 갖게 된다. 성숙한 잎을 건조시켰다가 차 대용으로 삼아도 좋다. 뿐만 아니라 잎과 줄기를 건조시켜 두었다가 짙게 삶아서 뜨거운 욕탕물에 붓고 목욕을 하면 더덕의 독특한 향기가 풍기는 가운데 피로회복과 스트레스 해소에 효과가 있다.

309
도라지

- **생약명** : 길경(桔梗)　　· **채취부위** : 뿌리　　· **개화기** : 7~8월
- **약성** : 성질은 평하고 맛은 맵고 쓰다.
- **효능** : 해열, 진통, 고혈압, 기침

1) 식물의 생태

　　길경, 도랏, 길경채, 백약, 질경, 산도라지라고도 한다. 초롱꽃과에 속하는 여러해살이풀로서 1속1종의 식물이다. 꽃은 7~8월에 하늘색 또는 흰색으로, 위를 향하여 피고 끝이 퍼진 종 모양으로 열매는 꽃받침조각이 달린 채로 익는데 삭과로 거꾸러진 계란형이다.

자주색 꽃이 피는 것을 도라지, 흰색 꽃이 피는 것을 백도라지, 꽃이 겹으로 되어 있는 것을 겹도라지, 흰색 꽃이 피는 겹도라지를 흰겹도라지라고 한다.

2) 채취시기 및 사용부위

봄, 가을에 뿌리를 채취하여 날것으로 먹거나 나물로 먹는다. 또한 꽃이 피었을 때 전초를 채취하여 효소를 담그면 약성이 좋은 음료가 된다.

3) 효능 및 사용법

도라지의 주요 성분은 사포닌이다. 생약의 길경(桔梗)은 뿌리의 껍질을 벗기거나 그대로 말린 것이며, 한방에서는 치열(治熱)·폐열, 편도염, 설사에 사용한다. 감기는 물론 가래가 끓고 심한 기침이 나오며 숨이 찬 데, 또 가슴이 답답하고 목 안이 아프고 목이 쉬는 동안 호흡기 질환에 쓰인다. 일시적으로 혈압을 낮추기도 하며 고름을 빨아내는 성질이 있다.

잘 말린 도라지를 소주에 담가 6개월 정도 숙성시킨 뒤 먹으면 감기, 기관지염, 천식, 편도선염 등에 효과가 있으므로 식사 때마다 반주로 마신다. 또 뿌리를 푹 삶아서 자주 마시면 가래를 가라앉힌다. 제대로 약효를 보려면 야생의 것이어야 한다.

밭에서 2~3년 재배한 것은 순하여 음식으로서는 먹기가 좋으나 약효를 기대는 어렵다. 10년 이상 된 야생 도라지는 산삼 못지않을 만큼 약성이 뛰어나고, 특히 먹을 때 강한 맛이 나는 것일수록 더 좋은 것이다. 하루 복용량은 6~12g이다.

310

돌나물

- **생약명** : 수분초(垂盆草), 석상채(石上菜)　　**채취부위** : 전초
- **개화기** : 5~6월
- **약성** : 성질은 서늘하고 맛은 달다.
- **효능** : 해열, 해독, 항암효과. 황달

1) 식물의 생태

　　돈나물이라고도 하며 전국의 밭둑이나 산기슭에 잘 자라는 다육질의 여러해살이풀이다. 키는 15cm 정도이고 줄기는 땅 위로 기는데 마디마다 뿌리가 나고 노란색 꽃이 5~6월에 줄기 끝에 취산서화로 달린다. 열매는 8월에 열리는데 골돌로 비스듬히 벌어진다.

2) 채취시기 및 사용부위

연한 순은 이른 봄에 채취하여 나물로 먹는다. 전초를 채취하여 약으로 쓸 때는 뿌리째 깨끗이 씻은 후 햇볕에 말린 다음 잘게 썰어 사용하며 효소를 담가도 아주 좋다.

3) 효능 및 사용법

주로 식용으로 쓰일 뿐이며 약용에 대해 관심을 두는 사람은 그리 많지 않다. 열을 내리고 독을 풀어 주는 작용이 양호하다. 풍부하게 들어 있는 엽록소와 섬유질은 강한 해독 작용을 해 몸 안에 쌓인 나쁜 물질을 몸 밖으로 내보내 병든 부분을 치료해 주는 역할도 한다. 열을 내리고 독을 풀며 붓기를 가라앉힌다.

목 안이 붓고 아픈 증세와 황달에도 좋으며 화상을 입었을 때 잎을 짓찧어 환부에 붙이면 시원해진다. 신선한 잎을 짓찧은 즙을 계속 먹으면 전염성 간염에 효과를 나타낸다고 북한의 본초학에서 밝히고 있다. 생채로 무치거나 생식 녹즙용으로 이용하는 것이 좋다. 하루 세 번 15~30g 정도 달여 먹어도 좋다.

고급 요리로 이용할 가치가 있으며, 봄나물로 무쳐 먹으면 영양소가 그대로 살아 있어 더욱 좋으며, 신선한 즙을 계속 먹으면 전염성 간염에 좋다.

311

두릅나무

- **생약명** : 총목(楤木)　　**채취부위** : 전체　　**개화기** : 8~9월
- **약성** : 성질은 평하고 맛은 맵다.
- **효능** : 거담, 해열, 당뇨, 신경쇠약

1) 식물의 생태

　　　　총목, 요두채, 문둔채라고 한다. 총목피는 나무껍질을 말린 것이며, 뿌리껍질을 말린 것을 총근피라고 한다. 꽃은 양성(兩性)이거나 수꽃이 섞여 있으며 8~9월에 백색으로 핀다. 씨방은 밑에 있고 열매는 납작한 공 모양이며 10월에 자흑색으로 익는다. 뿌리와 열매는 약용하고 새싹은 식용한다.

유사종으로 잎 뒷면에 회색 또는 황색의 가는 털이 나 있는 것을 애기두릅나무, 잎이 작고 둥글며 잎자루의 가시가 큰 것을 둥근잎두릅나무라고 한다.

2) 채취시기 및 사용부위

이른 봄 새순이 7~8cm 정도 자랐을 때 채취하여 나물로 먹는다.

줄기와 뿌리는 잎이 지고 난 다음에 채취하여 잘게 썰어 고열이나 햇볕에 말려 약으로 쓴다. 처음 올라오는 새순을 채취한 후 다음에 올라오는 새순은 나무의 성장이나 보호를 위하여 채취하지 말아야 한다.

3) 효능 및 사용법

한방에서는 열매와 뿌리를 해수(咳嗽), 위암, 당뇨병, 소화제에 사용한다. 당뇨병, 신경쇠약에 효험이 있다. 건위, 이뇨, 진통, 수렴, 거풍, 강정, 위궤양, 위경련, 신장염, 각기, 수종, 당뇨병, 신경쇠약, 발기력부전, 관절염 등에 사용한다.

봄철 올라오는 새순을 떼어 내어 살짝 데쳐서 초고추장에 찍어 먹기도 하고 나물로 무쳐 먹기도 하는데, 산채 가운데 고급품에 속한다. 민간에서는 당뇨병에 나무껍질이나 뿌리를 달여 먹는다. 맛이 상큼하고 먹기에 좋으며, 참두릅과 개두릅 모두 식용한다. 말린 약재 10g 정도를 물로 달여서 복용한다.

312

동백나무

- **생약명** : 산다(山茶) **채취부위** : 열매, 꽃 **개화기** : 2~4월
- **약성** : 성질은 서늘하고 맛은 달고 맵다.
- **효능** : 지혈, 소종, 변비. 항암작용

1) 식물의 생태

　　동백나무를 산다, 꽃을 산다화라고 한다. 동백나무는 차나무과에 속하는 사철 푸른 나무이며 종류는 약 300여 종이 있다. 백색 꽃이 피는 것을 흰동백, 어린 가지와 잎 뒷면의 맥 위 및 씨방에 털이 많이 나 있는 것을 애기동백이라고 한다. 꽃은 2~4월에 피고, 열매는 삭과로 구형이고 지름 3~5mm이며 9~10월에 익고 세 갈래로 벌어진다.

2) 채취시기 및 사용부위

　　　　늦겨울이나 초봄에 꽃이 피기 직전의 꽃봉오리를 따 모아서 건조시킨 것이 주된 약재가 된다. 열매는 가을에 완전히 익은 것을 따서 말려 약으로 쓴다.

3) 효능 및 사용법

　　　　꽃에는 뚜렷한 지혈작용이 있으므로 토혈, 멍든 피, 피가 나는 상처, 코피, 혈변, 자궁출혈, 장염으로 인한 하혈, 월경과다, 산후 출혈이 계속될 때, 혈액순환이 좋지 않아 피가 맺혀 있을 때 약용하면 효과가 있다. 특히 장출혈의 구급약으로 쓰인다. 꽃에는 항암작용이 있으며 강심작용도 있다. 말린 꽃잎을 달임약 빻은 가루약으로 복용하며, 가루를 참기름에 이겨서 부은 데, 타박상·화상을 입은 데 붙이면 시원하게 낫는다.

　　꽃이 지고 난 뒤 맺은 열매 속에는 암갈색의 씨가 들어 있는데, 이 씨를 털어 짜면 기름이 나온다. 이것이 동백기름이다. 이것은 식용유로서 참기름이나 콩기름과 같은 용도로 쓸 수 있으며, 맛도 괜찮다. 건조한 꽃을 건강차삼아 설탕을 약간 넣고 마시다 보면 자양강장의 효력이 생긴다. 하루 5~10g을 달여 먹는다.

313

두충나무

- **생약명** : 두충(杜沖), 사면목(絲棉木) •**채취부위** : 껍질 •**개화기** : 4~5월
- **약성** : 성질은 따뜻하고 맛은 달다.
- **효능** : 자양강장, 보양, 지혈, 고혈압, 만성관절염

1) 식물의 생태

　　한약이라면 일반적으로 인삼, 녹용 등을 떠올리는데 이들 약재처럼 뛰어난 약효가 있는 것으로 오랜 옛날부터 각광을 받아 온 한약재로 두충이 있다. 두충은 중국에서는 인삼보다 귀했기 때문에 "환상의 약초"로 불렸으며 선목(仙木)으로 알려져 왔다. 4~5월경에 담록색의 작은 꽃이 피고 껍질은 표면이 회갈색으로 꺼칠꺼칠하며 안쪽은 어두운 자갈색으로 매끈매끈하다. 이것을 자르면 은백색의 고무상태의

실이 꼬리를 물고 나와 두충나무를 목면(木棉), 사연피(絲連皮)라고 부르기도 한다.

2) 채취시기 및 사용부위

두충나무의 수피는 4월 상순에서 6월 중순 사이에 채취하는데, 겉껍질은 제거하고 속껍질만 사용하지만 껍질 전체를 사용해도 무방하다. 한방에서 사용되는 두충나무의 껍질은 수령이 15~16년 지나야 채취할 수 있으며 차로 사용하는 어린잎은 2년째부터 수확할 수 있다.

3) 효능 및 사용법

두충은 보정(補精)을 시켜 주는 생약으로 그 효과가 놀라운 것으로 알려져 있어 생약 천연약품으로 각광을 받고 있다. 한방에서는 두충을 강장제로 주로 쓴다.

신장이 약해서 정기(精氣)의 쇠퇴로 인한 요통, 무릎이 차고 시린 증상, 몽정, 조루, 소변불리에 놀라울 정도로 뛰어난 효험이 있는 것으로 알려져 있다. 특히 정력을 보강하여 남녀의 음하습과 가려움증, 소변이 잦고 힘이 없고 나른한 데 아주 효과적이다.『본초강목』에서는 두충을 허리와 무릎 통증 해소와 정력제로 사용하는 것으로 기록돼 있으며, 이와 함께 신경통, 관절염, 하체허약에도 좋은 효과가 있는데 잎을 말린 두충차를 수시로 마시면 두충과 같은 효과를 볼 수 있다고 기록해 놓았다.

현대의학에서도 두충은 고혈압 치료약, 진통약 등으로 이용되고 있다.

잎을 채취하여 잘게 썰어 살짝 볶은 다음 바람이 잘 통하는 그늘에서 말려 차로 이용한다. 껍질은 잘게 자른 다음 햇볕에 잘 말려 사용하고, 물 1L가 반으로 줄 때까지 은은한 불에 달여 1일 3회 식후에 복용한다.

314

돌복숭아

- **생약명** : 도인(桃仁) · **채취부위** : 열매, 꽃 · **개화기** : 4~5월
- **약성** : 성질은 평하고 맛은 쓰고 달다.
- **효능** : 피부미용, 진통, 해독, 조경작용

1) 식물의 생태

장미과에 속하는 낙엽이 지는 나무이며 나무의 껍질은 암홍갈색을 띤다. 4~5월에 잎보다 먼저 꽃이 피고 색은 분홍색 흰색과 붉은색이 있다. 과실의 크기는 작고 내부에 씨가 크므로 과실로 먹기에는 어울리지 않는다.

2) 채취시기 및 사용부위

꽃은 4~5월경 막 피어날 때 채취하여 바람이 잘 통하는 그늘에서 말려 사용하고, 씨는 과실이 잘 익은 후 채취하여 겉껍질을 벗겨 내고 내부의 씨만 사용하는데 한방에선 이것을 도인이라고 하며, 복숭아보다는 돌복숭아가 훨씬 더 좋다.

3) 약효 및 사용법

복숭아꽃 또한 한방재료로 사용하는데 이것은 꽃을 그늘에 말려 가루로 내어 먹을 경우 불필요한 살을 빼는 데 효과적이고 원형탈모증 예방에 좋다.

다랑어를 먹고 중독되었을 때 복숭아를 껍질째 먹으면 껍질에 들어 있는 특수 성분이 해독 작용을 한다.

각종 혈핵순환 장애로 인한 병증을 치료하는 데 특히 좋으며, 복숭아는 니코틴 해독 작용을 해줘 흡연자의 폐기능을 보호한다. 복숭아씨는 한방에서 진해제, 생리불순, 생리통에 쓰이며 건강하고 아름다운 피부를 위한 처방으로도 쓰이는데 피부가 가렵고 건조하거나 기미나 주근깨 등에 바르면 좋다. 또한 곱게 갈아 한 숟갈씩 먹기도 하는데 체내의 나쁜 피를 맑게 해 주므로 변비도 없어지고 대변이 윤활하게 된다.

생리가 없고 생리통이 심할 때와 산후복통, 변비, 타박상, 종기, 징가, 적취 등에 하루 6~10g을 달임약, 가루약 형태로 먹거나 외용약으로는 짓찧어 붙인다. 음부 가려움에 잎을 달인 액으로 씻는다. 목욕재로 사용해도 좋다.

마른 복숭아꽃과 껍데기를 벗긴 마른 호박씨를 같은 양으로 섞어 가루를 낸 다음 꿀에 개어 얼굴에 바르면 피부 미용에 아주 좋다.

🐞 **주의사항**

복숭아와 장어는 상극이므로, 장어를 먹은 후 복숭아를 먹으면 설사를 하기 쉬우니 주의를 요한다.

315

둥굴레

- **생약명** : 옥죽(玉竹)   **채취부위** : 뿌리   **개화기** : 6~7월
- **약성** : 성질은 평하고 맛은 달다.
- **효능** : 강장, 강정, 노화방지, 당뇨, 강심작용

1) 식물의 생태

　　옥죽, 괴불꽃, 황정, 황지, 소필관엽, 죽네풀, 진황정이라고도 한다. 전국 각지의 산지에서 쉽게 볼 수 있는 여러해살이풀이다. 6~7월에 길이 15~20mm의 녹색빛을 띤 흰색 꽃이 피며, 열매는 장과로 둥글고 9~10월에 검게 익는다.

　　둥굴레와 비슷한 식물로 통둥굴레, 용둥굴레, 왕둥굴레가 있으나 쓰임새는 동일하며 어린싹은 모두 나물로 먹을 수 있다.

어린싹은 4~5월에 채취하여 데쳐 나물로 먹는다. 뿌리는 가을부터 봄까지 채취하여 깨끗이 씻은 후 쪄서 말려 사용한다.

봄철에 어린잎과 뿌리줄기를 식용한다. 생약의 위유는 뿌리줄기를 건조시킨 것이며, 한방에서는 뿌리줄기를 번갈, 당뇨병, 심장쇠약 등의 치료에 사용한다.

뿌리를 씹어 보면 약간 질긴 듯하면서 단맛이 나고, 당분, 회분, 다량의 전분과 미지의 영양물질들이 듬뿍 함유되어 있으며 예로부터 자양강장제로 애용해 왔다.

노인 건강에 아주 효과적이다. 전초를 식용하면 안색이 윤택해지면서 얼굴의 얼룩반점이 없어지고 노쇠하지 않으며 오래 산다는 옛 기록들이 있다. 민간요법에서는 거의 30여 가지에 달하는 여러 가지 질환에 쓰였다.

병후쇠약, 정신허약, 피로회복에 효험 있는 소중한 약재이며 뿌리에는 신진대사의 촉진, 혈액순환의 개선, 강심작용이 있고 혈압을 높이는 약리성이 있다.

어린순과 꽃을 데쳐서 나물로 무치든지 조림, 튀김, 기름에 볶으면 맛있게 먹을 만하다. 또 녹즙에 조금씩 첨가해도 괜찮으며 생 뿌리 역시 녹즙용이 되며 밥에 찌든지 구워 먹으면 삶은 밤처럼 구수하고 달며 감칠맛이 있다. 뿌리를 고추장, 된장에 박아 장아찌로 삼기도 한다.

뿌리는 말려 술을 담아 조석으로 조금씩 마시면 노화방지, 성기능 강화에도 유효한 식품으로 알려져 있다. 삽주, 둥굴레는 대표적인 장수약용식물이다.

316

투구꽃

- **생약명** : 초오(草烏)   **채취부위** : 뿌리   **개화기** : 6~7월
- **약성** : 성질은 아주 뜨겁고 맛은 달다.
- **효능** : 강장, 강정, 관절염, 당뇨, 명목, 진통

1) 식물의 생태

　　초오속 식물은 전 세계적으로 약 200여 종류가 있다. 잎은 손바닥 모양으로 갈라지며 높이는 약 1m가량 되고 줄기는 곧게 선다. 꽃은 9월에 자줏빛으로 피며 주로 산지의 아래쪽에 분포하며 습기가 많은 곳에 잘 자란다.

2) 채취시기 및 사용부위

　　가을에 뿌리를 채취하여 줄기, 잎, 이물질을 제거하고 법제해서 쓰는데

법제방법에는 여러 가지가 있다. 그중 한 가지는 독성을 빼기 위하여 증기로 찌거나 소금물에 15일 이상 담갔다가 씻어 낸 다음 건조시켜 약재로 쓰는 방법이 있다.

3) 효능 및 사용법

뿌리에 맹독이 있으며 초오(草烏)라는 이름으로 강심, 이뇨, 종기 등의 약재로 쓴다. 독성이 강한 식물이므로 그냥 달여 마시면 바로 사망한다. 뿌리는 신경통, 관절염, 편두통, 치통, 두통, 류머티즘, 위와 배 속의 통증, 임파선염, 여러 가지의 경련, 마비, 통증, 염증에 탁월한 효험을 나타낸다.

중국에서는 먼 옛날부터 한방 치료에 쓰는 중요한 생약으로 취급했는데, 일반 사람은 함부로 사용해서는 안 된다.

심장 수축력을 강화하고 전신기능의 쇠약을 개선하며 팔다리가 차갑게 감각이 무디어지는 증상, 쇼크를 받았다든가 갑자기 허탈해졌을 경우에 효력이 있다.

옛날에는 뿌리의 용액을 활촉과 창에 발라서 짐승을 잡곤 했으며 사약의 주 재료로서 투구꽃 뿌리와 천남성 뿌리의 추출액이다.

🐞 주의사항

맹독성 식물이므로 임산부와 노약자는 약용하지 말아야 한다. 꼭 복용하려면 소량이어야 한다. 하루 세 번 복용량은 2~4g(법제한 것)이다. 투구꽃의 독성은 처음에는 신경을 자극하여 흥분시키다가 마비증상을 일으키기 시작한다. 피부에 바르면 가려움증이 생기다가 점차 마비작용이 일어난다. 이 독성에 중독되면 처음엔 가려움증이 일어나 차차 심해지고, 그러다가 찌르는 듯한 아픔이 뒤따르면서 그 이후에는 어지러움, 숨 가쁜 증세가 고조, 이윽고 통하게 되고 결국 마비 경련에 시달리는 가운데 죽음에 이른다.

317

독말풀

- **생약명** : 대마자(大麻子)　**채취부위** : 전초　　**개화기** : 8~9월
- **약성** : 성질은 따뜻하고 맛은 쓰다.
- **효능** : 진통, 마취, 천식, 경기

1) 식물의 생태

　　만타라자, 양독말풀, 취심화, 대마자, 만타라엽, 취선도, 양종마라고 도 한다. 열대 아메리카 원산인 귀화식물이며 민가 부근에서 재배 또는 야생한다.

　　줄기는 굵은 가지를 치며 자줏빛이고 꽃은 8~9월에 핀다. 열매는 달걀 모양으로 10월에 익으면 4조각으로 갈라져 검은 종자가 나온다. 종자와 잎은 맹독성이나 잎은 천식용 담배로 사용한다.

　　독말풀의 씨, 잎, 꽃은 각기 조금씩 다른 효능을 나타내지만 독말풀 전체가 독성을 가지고 있으며 뿌리와 씨에 가장 강한 독성을 품고 있다.

열매의 형태는 피마자와 비슷하지만 더 크다.

2) 채취시기 및 사용부위

가을에 열매를 따서 잘 말린 다음에 털어서 씨를 모아 사용한다. 잎이나 줄기를 이용할 때는 여름에 잎이 무성할 때 채취하여 그늘에서 말려 사용한다.

3) 효능 및 사용법

내장의 경련성 질환, 위, 십이지장궤양, 담낭염, 간과 콩팥에서 심하게 갑자기 일어나는 간헐적인 통증, 경련성 변비에 씨를 달여 소량씩 복용하는데, 약의 효능이 느리게 나타난다. 심장병으로 인하여 맥박이 느려지는 경우에도 이 씨를 약용한다. 1회 복용량은 0.03g씩 가루로 빻아 먹는다. 씨를 술에 담가 우려낸 추출물을 하루 두 번 약간씩 마신다.

기관지 천식으로 경련성 기침이 심할 때 알약을 약간씩 물로 삼킨다. 또는 얇은 종이에 꽃잎을 돌돌 말아서 담배처럼 피우면 통증을 멈추어 주는 마취작용을 일으킨다. 따라서 위통, 복통, 월경통, 어린이의 경기에 일시적인 효과가 있다.

주의사항

맹독성 식물이므로 임산부와 노약자는 약용하지 말아야 한다. 독말풀을 약용할 경우에는 반드시 법제를 해서 사용해야 하고 허약한 환자는 피해야 하며, 아주 적은 양을 복용하도록 유념해 둬야 한다.

318
들깨풀

- **생약명** : 석제녕(石薺寧) **채취부위** : 전초 **개화기** : 8~9월
- **약성** : 성질은 서늘하고 맛은 맵고 쓰다.
- **효능** : 감기, 기침, 살충, 해독

1) 식물의 생태

　　　　꿀풀과에 속하는 일년생풀이다. 잎은 마주 나고 잎 가장자리에 작은 톱
니들이 나 있으며, 잎자루는 줄기 끝으로 갈수록 짧아지고 길이는 2~4cm 정도이다.
　　줄기는 네모지며 키는 50cm 정도 자라고 자줏빛이 돌며 8~9월에 연한 자줏빛
꽃이 가지 끝에 달리며 씨앗은 10월경에 익는다.

2) 채취시기 및 사용부위

늦여름과 이른 가을 사이에 잎과 줄기를 채취하여 깨끗이 씻은 후 잘게 썰어 그늘에 말려 사용한다. 효소를 담글 때는 이른 봄 새순을 채취하여 사용하는 것이 좋지만 꽃 필 무렵 채취하여 사용하는 것도 좋다.

3) 효능 및 사용법

감기, 기침, 두통, 더위증에 약용한다.

꽃도 약재로 쓰며 풍습을 없애고 부은 것을 내리며 몸에 독기운이 잠겨 있으면 이를 풀어 준다. 간과 콩팥의 질병에 쓰며 전초는 살충작용을 가지고 있어서 체내의 십이지장충, 회충, 촌충 따위를 죽이는 구충약으로 긴요하게 쓰인다.

피부에 생기는 두드러기, 습진, 악성종기 등의 살갗 질환에는 잎을 짓찧어 붙이거나 즙을 내어 바르며 또는 달인 물로 자주 씻어내도록 한다.

4월 무렵이 되면 어린잎을 뜯어다가 저마다의 기호에 맞는 양념을 넣어 나물로 무쳐 먹으며, 볶음·튀김으로도 해서 먹는다. 들깨풀의 어린잎은 정유성분으로 인해 특이한 냄새가 나고 쓴맛이 있으므로 데쳐서 한참 동안 찬물에 담가 쓰고 냄새나는 기운이 빠진 뒤에 조리해야 한다.

주의사항

너무 많은 양의 약재를 계속 달여 마시면 메스꺼움, 어지러움, 두통, 귀울림 등의 여러 증상이 나타나는데 이 경우에는 곧 설사를 강하게 시켜야 한다. 임산부에게는 쓰지 않는다. 하루에 5~10g만 달임약으로 써야 한다.

401

민들레

- **생약명** : 포공영(蒲公英) ・ **채취부위** : 전초체 ・ **개화기** : 3~4월
- **약성** : 성질은 차고 맛은 쓰다.
- **효능** : 소염, 건위, 담즙 분비, 이뇨

1) 식물의 생태

　　　　이른 봄 들판에 나가 보면 흰꽃과 노란꽃의 민들레가 피는데 주로 노란 꽃의 민들레가 주종을 이루고 있다. 꽃은 4~5월에 피며 식물의 중심에서 꽃대가 올라오는데 그 끝에 단 한 송이의 꽃을 피워 꽃이 시들면 그 자리에 씨앗의 날개가 돋아나 희고 둥근 모양으로 부푼다. 2~3일 사이 바람에 흩날려 멀리 날아가 번식한다.

2) 채취시기 및 사용부위

한방에서는 꽃피기 전의 식물체를 약재로 쓴다. 잎이나 줄기는 꽃이 피기 전의 것을 채취해 깨끗이 씻어 그늘에서 말려 사용하거나 조리해서 먹는다.

뿌리는 늦은 가을부터 이른 봄 사이에 채취해 깨끗이 다듬은 후 잘게 썰어 고열이나 햇볕에 말려 약으로 쓴다.

3) 효능 및 사용법

열로 인한 종창, 유방염, 인후염, 맹장염, 복막염, 급성간염, 황달에 효과가 있으며, 열로 인해 소변을 못 보는 증세에도 사용한다. 민들레의 싱싱한 생잎을 아침저녁으로 계속 뜯어 먹으면 만성위장병과 위궤양에 탁월한 효험을 나타낸다.

본초학에서 민들레는 간염, 기관지염, 해열, 정혈, 건위, 발한, 이뇨 등의 효능·효험이 있고, 담즙의 분비를 촉진하며, 일반적인 소염해독제로도 쓰인다고 하였다. 민간 약초로서 간경화증, 변비, 감기, 관절염, 폐암 등에도 두루두루 쓰여 왔고 나물감으로도 널리 먹어 온 식물이다.

 주의사항

많은 양을 섭취하면 뒤통수가 지끈거리는 부작용이 일어나므로 반드시 한 줌 정도의 소량을 끼니마다 생으로 장복하는 것이 좋다.

402

마디풀

- **생약명** : 편축(萹蓄) **채취부위** : 전초   **개화기** : 6~7월
- **약성** : 성질은 평하고 맛은 쓰다.
- **효능** : 이뇨, 지혈, 결석, 자궁수축

1) 식물의 생태

마디풀은 전국의 길가나 풀밭에서 잘 자라는 한해살이풀이다.

키는 30~40cm 정도 되고 옆으로 비스듬히 가지가 많이 달리며, 잎은 서로 어긋나고 잎자루가 짧으며 긴 타원형으로 끝이 둔하다. 꽃은 6~7월에 녹색에 흰빛 또는 붉은빛이 도는 꽃이 피고, 열매는 수과로서 세모지며 작은 점이 퍼져 있다.

2) 채취시기 및 사용부위

여름철 꽃 피는 시기에 잎과 줄기를 채취하여 깨끗이 씻어 잘게 썬 다음 그늘에서 말려 약재로 쓴다.

3) 효능 및 사용법

전초(全草)를 이뇨제, 지혈제, 신장 및 방광결석, 소화기출혈, 위궤양, 십이지장궤양, 기관지 천식에 사용한다. 중국에서는 민간약으로서 신장결석, 방광결석, 종기, 치질 및 피부병에, 일본에서는 구충제, 황달, 복통에 사용한다.

약리실험에서 마디풀에는 이뇨작용, 혈압강하작용, 혈액응고 촉진작용, 자궁 수축작용이 있음을 밝혔는데, 이 작용들은 임상실험에서도 효과가 나타나는 것이 확인되었다. 달임약이나 알코올 추출액은 지혈과 자궁수축을 시키기 때문에 해산 후나 유산 후의 출혈과 자궁 이완증에 약효가 발휘되며 월경과다와 여러 원인에 의한 자궁출혈에 효과가 있다. 따라서 산부인과 계통에 좋은 약으로 쓰며 콩팥을 중심으로 한 주변의 질환에도 효력을 나타낸다. 콩팥 질환의 경우에는 마디풀에 질경이씨와 으름덩굴의 줄기를 함께 달이면 더 효과적이다.

하루에 6~12g씩 달여 마시며, 각종 피부병에는 달인 물로 씻으면 좋다.

마디풀의 잎과 줄기에 으름덩굴 줄기, 패랭이꽃, 질경이씨, 골풀속살, 치자나무 열매, 대황뿌리, 감초뿌리를 각각 4g씩 배합한 것을 한 첩으로 하여 두 첩을 지어서 재탕까지 해 하루 세 번 복용하면 신석증을 비롯하여 급성요도염, 방광염, 신장염, 소변불리와 몸이 붓는 데에 좋은 효력이 있다.

403

만병초

- **생약명** : 석남엽(石南葉)　• **채취부위** : 잎, 뿌리　• **개화기** : 6～7월
- **약성** : 성질은 평하고 맛은 맵고 쓰다.
- **효능** : 강장, 강정, 활혈작용, 고혈압

1) 식물의 생태

　　천상초(天上草), 뚝갈나무, 만년초, 풍엽, 석암엽 등 여러 이름으로 불리고 있다. 중국에서는 칠리향(七里香) 또는 향수(香樹)라는 이름으로 부르는데 꽃에서 좋은 향기가 나기 때문에 붙은 이름이다.

　　만병초는 높고 추운 산꼭대기에서 자라는 늘푸른떨기나무로, 잎은 고무나무 잎을 닮았고 꽃은 철쭉꽃을 닮았으며 하얗게 핀다.

　　날씨가 건조하거나 추울 땐 잎이 말려서 수분의 증발을 억제하여 생장한다.

2) 채취시기 및 사용부위

잎을 쓸 때는 늦가을부터 겨울철에 채취하여 바람이 잘 통하는 그늘에서 말려 사용하며, 뿌리를 쓸 때는 겨울에 채취하여 깨끗이 씻은 후 잘게 썰어 말린 후 사용한다.

3) 효능 및 사용법

만병초는 구하기가 수월하지 않은 것이 흠이지만 이름 그대로 만병에 효과가 있는 약초이다. 한방에서는 별로 쓰지 않지만 민간에서는 거의 만병통치약처럼 쓰고 있다. 고혈압, 저혈압, 당뇨병, 신경통, 관절염, 두통, 생리불순, 불임증, 양기부족, 신장병, 심부전증, 비만증, 무좀, 간경화, 간염, 축농증, 중이염, 백납 등에 잎과 뿌리를 약으로 쓴다.

잎을 쓸 때에는 가을이나 겨울철에 채취한 잎을 차로 달여 마시고, 뿌리를 쓸 때에는 술을 담가서 먹는다. 잎을 달여 차를 오래 마시면 정신이 맑아지고 피가 깨끗해지며 정력이 좋아진다. 특히 여성들이 먹으면 불감증을 치료할 수 있고 정력이 세진다고 한다.

고혈압, 저혈압, 관절염, 간경화증, 심장병, 두통, 비만증 등에 두루 좋은 효능을 보이는, 이름 그대로 만능의 약초이다.

주의사항

중독성이 있어 과다 복용이나 장기간 사용은 절대 금지한다. 특히 만병초 잎에는 "안드로메도톡신"이라는 독이 있으므로 많이 먹으면 중독이 되거나 생명이 위태로울 수도 있으므로 주의해야 한다.

404

매화나무

- **생약명** : 매실(梅實) **채취부위** : 열매 **개화기** : 4월
- **약성** : 성질은 따듯하고 맛은 시다.
- **효능** : 복통, 지사, 수렴, 요혈

1) 식물의 생태

　　꽃을 매화라고 하며, 열매를 매실(梅實)이라고 한다. 꽃은 4월에 잎보다 먼저 피고 연한 붉은색을 띤 흰빛이며 향기가 난다. 열매는 6~7월에 노란색으로 익고 핵과로서 둥글고 지름이 2~3cm 되고 융모로 덮여 있다.

2) 채취시기 및 사용부위

　　　　뿌리는 매근(梅根), 가지는 매지, 잎은 매엽, 씨는 매인(梅仁)이라 하여 역시 약용한다.

　　매실은 6월 중순에 채취해 약용한다. 덜 익은 열매를 따서 열매의 껍질과 씨를 발라내고 볏짚을 태운 연기에 그을려 만든 것을 "오매"라 하는데, 주로 한방에선 이 열매를 약으로 쓴다.

3) 효능 및 사용법

　　　　매실은 소화기관을 강화시키고 피로회복은 물론 입맛을 돋우는 기능까지 있다. 또 예로부터 해열이나 진통, 갈증 방지 등의 증상에 약용으로 사용되어 온 과실이다.

　　매실은 시고 떫기 때문에 폐, 장, 위를 도우며 회충을 죽인다. 오매는 수렴작용이 있어 만성 해수로 가래가 적거나 입 안이 건조한 증상에 사삼, 현삼, 반하, 행인을 넣어 쓴다. 오랜 설사로 식욕이 없을 때나 배탈 등에도 아주 효능이 좋다.

　　매실과 설탕, 소주로 만든 매실청, 매실주, 매실차 등은 다양한 효능이 있어 미리 만들어 두고 필요할 때 사용하면 요긴하다. 타박상으로 인한 출혈에는 불에 그슬린 매실을 태워 으깬 것을 상처에 바르면 효과가 있다. 식중독에 걸리기 쉬운 여름에 마시면 좋다. 멀미에는 소금에 절인 매실을 여행 중에 작은 병에 넣어서 휴대하다가 멀미가 날 때 한 알씩 먹으면 효과가 있다.

405

맥문동

- **생약명** : 맥문동(麥門冬)   • **채취부위** : 덩이뿌리   • **개화기** : 6~7월
- **약성** : 성질은 차고 맛은 쓰다.
- **효능** : 강심작용, 진해, 원기회복, 거담

1) 식물의 생태

뿌리 달린 모양이 껍질이 두꺼운 보리 같다 하여 "맥문동"이라 한다. 사철 푸른 다년생초로 뿌리줄기에 많은 수염뿌리가 나며 꽃은 6~7월에 연한 보라색 꽃이 송이 꽃차례를 이루고 핀다. 꽃대는 30~40cm 정도이고 꽃이 3~5개씩 마디마다 모여 달리고 열매는 10~11월에 장과로 둥근 흑색이다. 뿌리의 괴근은 약용으로 쓰는데 긴 타원형으로 연한 황백색을 띠고 투명하게 보인다.

2) 채취시기 및 사용부위

　　　가을 또는 봄에 뿌리를 캐어 덩이뿌리만을 골라 수염뿌리를 다듬고 물에 씻어 쪄서 고열이나 햇볕에 말린다. 맥문동 속에 있는 심을 뽑고 써야 할 때에는 약재를 절구에 넣고 짓찧어 심을 골라 버리고 쓴다. 심을 뽑지 않고 그대로 5mm 정도를 잘라 잘 말려 쓸 수도 있다.

3) 효능 및 사용법

　　　건조생약 중 71%는 단당류 및 자당류이며, 주로 포도당·과당·자당을 함유하고 있다. 맥문동은 자양강장제로 진해·거담·해열에 사용하며, 또 폐결핵, 천식 등을 진정시키고, 신체허약에 원기를 돋우고, 열성병의 구건증 등에 적용하며 최유제의 보조약으로 통유작용을 갖고 있다. 특히 노인들의 건강약으로 애용돼 왔으므로 체력의 감퇴를 막고 정상적인 컨디션을 유지하는 생약으로 알려져 많이 이용하고 있다. 몸이 무겁고 뼈마디가 쑤시는 사지통에 효력이 좋으므로 각기통이나 신경통, 류머티즘 등에 사용한다. 산모의 젖이 적을 때도 쓴다.

🐞 주의사항

맥문동은 약성이 차므로 비위가 허해 설사하는 사람이 복용하면 해롭기 때문에 복용해서는 안 된다.

406

멍석딸기

- **생약명** : 초매(草昧)　• **채취부위** : 열매　• **개화기** : 5～6월
- **약성** : 성질은 평하고 맛은 달다.
- **효능** : 강장, 피로회복, 신장기능 향상

1) 식물의 생태

　　　　줄딸기라고 하며 옆으로 줄을 뻗으며 나아간다. 꽃은 5～6월에 피고 적색이며, 열매는 둥글고 7～8월에 적색으로 익으며 맛이 좋다. 잎 뒷면에 털이 없는 것을 청멍석딸기, 잎의 길이가 2cm 정도이고 줄기에 가시가 많은 것을 사슴딸기라고 한다.

복분자를 비롯한 산딸기속으로는 약 21종이 있는데 거의 모두 강장효과가 있으며 비타민, 미네랄이 다량 함유되어 있다.

2) 채취시기 및 사용부위

복분자와 마찬가지로 열매가 익기 전 푸른 상태에서 채취하여 살짝 찐 후 말려 약으로 쓴다. 완전히 익은 후에 따서 식·약용하기도 한다. 또한 잎과 열매와 뿌리를 한꺼번에 모두 채취하여 말려 약으로 쓰기도 한다.

3) 효능 및 사용법

전초를 채취하여 말려서 풍증, 눈의 염증, 감기와 기침, 월경불순, 신경쇠약, 동맥경화 등의 치료를 위해 약용한다.

민간에서는 류머티즘, 염증, 치질 치료를 위해 뿌리를 잘게 썰어 달여 먹는다.

입안에 염증이 생겼을 경우 달인 물로 입가심하면 치료되며, 열매와 줄기에 지혈작용이 있다. 잘 익은 열매에는 당분과 산이 알맞게 함유되어 있어서 맛이 좋다. 열매의 생식은 물론 잼으로 가공해서 식용하는 맛은 별미이다. 그 외 산딸기나 하우스 재배 딸기도 영양소가 풍부하고 맛이 좋으므로 많이 먹는 것이 좋다. 술을 담가 먹어도 좋다. 열매는 영양물질이 많은 강장제, 오줌을 자주 누는 증세를 고쳐준다.

407

무궁화

- **생약명** : 목근(木根)   • **채취부위** : 꽃, 껍질   • **개화기** : 7~9월
- **약성** : 성질은 차고 맛은 쓰고 달다.
- **효능** : 혈액순환, 간질, 피부염, 냉대하증

1) 식물의 생태

　　근화(槿花)라고도 하며, 대한민국의 국화(國花)이다. 무궁화는 우리나라 중부 이남 지방에 재배되는 낙엽관목이다.

　　키는 3~4m 정도이고 꽃은 보통 홍자색 계통이나 흰색, 연분홍색, 분홍색, 다홍색, 보라색, 자주색, 등청색, 벽돌색 등이 있으며, 열매는 길쭉한 타원형으로 10월에 익는다.

2) 채취시기 및 사용부위

꽃이 피어나기 시작할 즈음에 또는 꽃이 덜 피어났을 무렵에 꽃을 따서 건조시켜 약재로 쓰지만, 줄기나 뿌리를 쓸 때는 4~6월경 껍질을 벗겨 햇볕에 말린 후 잘게 썰어 사용한다.

3) 효능 및 사용법

위장염, 급만성대장염, 이질, 설사, 무좀, 옴, 탈홍, 구토와 목마름을 없애며 독성을 풀어 주는 효력을 나타낸다. 뿌리껍질도 같은 목적으로 사용하며 봄에 뿌리껍질과 줄기껍질을 채취하여 깨끗이 씻어서 햇볕에 말린 것은 월경 전과 해산 전에 나오는 누르스름한 액체와 대하증을 없애 주는 등 여자의 음부를 깨끗이 한다.

몸의 습기를 없애고 해충을 죽이며 혈액순환을 좋게 하는 동시에 장출혈 등의 지혈과 치질, 해열에 약효가 있다. 각종 피부질환의 외용약으로는 달인 물로 씻어 내고 술에 우려낸 추출액을 바른다. 꽃과 껍질을 달여 눈병을 씻으면 곧 나으며, 그 달임약을 차로 마시면 불면증을 이기고 잠을 푸근히 잘 수 있다.

국화(國花)의 멋과 아름다움을 고조시킬 목적으로 꽃 색깔로 개량한 종류가 많은데 흰빛의 꽃이어야 효험이 훨씬 크다. 무궁화는 무좀 치료에 특효약이며, 몸속의 나쁜 독성 기운을 풀어 준다. 달임약으로 쓸 때는 물 1L에 5~10g 정도이다.

408

물푸레나무

- **생약명** : 진백목(秦白木) ・ **채취부위** : 껍질 ・ **개화기** : 7~9월
- **약성** : 성질은 차고 맛은 쓰다.
- **효능** : 청열, 거습, 안질환, 통풍

1) 식물의 생태

물푸레나무과로, 잎이 지는 넓은 잎의 큰키나무로 산기슭이나 골짜기에서 잘 자란다.

높이는 5~10m 정도이며 껍질은 회갈색을 띠고 꽃은 7~8월에 피며, 비슷한 나무로서 "들메나무"와 "쇠물푸레나무"가 있다. 물푸레나무란 이 나무의 껍질을 벗겨 물에 담그면 물이 파랗게 되므로 이런 이름이 붙여졌다고 한다.

강원도에서는 이 나무를 수청목(水靑木)이라 부르고 한방에서는 진백목(秦白木)이라 칭한다. 이 나무는 가장 단단하고 질긴 나무 축에 든다.

물푸레나무 달인 물로 먹을 갈아 글씨를 쓰면 천 년이 지나도 색이 바래지 않는다고 한다. 태운 재는 염료로도 귀하게 썼으며 옛날 산속의 수도승들은 물푸레나무 태운 재를 물에 풀어 옷을 염색했는데 이 잿물로 들인 옷은 파르스름한 잿빛인 데다 잘 바래지 않아서 승려복으로서는 최상품이었다.

2) 채취시기 및 사용부위

봄부터 초여름 사이 겉껍질을 벗긴 후 잘게 썰어 햇볕에 말려서 사용한다.

수액을 사용할 때는 이른 봄 잎이 나왔을 때 나무에 상처를 내서 수액을 받을 수 있는데, 한 나무에서 너무 많이 받으면 안 된다.

3) 효능 및 사용법

물푸레나무는 눈병에 신약이다. 눈 충혈, 결막염, 트라코마 등 일체의 눈병에는 물푸레나무 껍질을 달여 얇은 가제로 서너 번 걸러 낸 물로 눈을 자주 씻는다. 물푸레나무 껍질에 상처를 내어 수액을 받아 눈을 씻거나 점안하여도 효과는 같다. 물푸레나무 수액은 눈을 맑게 하고 시력을 도와준다.

백내장이나 녹내장 치료에는 물푸레나무 수액에다 죽염, 야생꿀이나 5년 이상 묵은 토종꿀을 더하여 얇은 천으로 여러 번 잘 걸러서 눈에 넣는다. 하루 4~7번씩 꾸준히 넣어 주면 뜻밖의 좋은 효험을 볼 수 있다. 통풍 치료에도 신통한 효력이 있다. 가지를 잘게 썰어서 오래 끓여 이 물을 마시면서 찜질을 함께 하면 효력이 더욱 빠르다. 껍질을 벗겨 사용해도 된다.

409

모과나무

- • 생약명 : 모과(木瓜) • 채취부위 : 열매 • 개화기 : 4∼5월
- • 약성 : 성질은 따뜻하고 맛은 시다.
- • 효능 : 폐렴, 기관지, 두통, 기침

1) 식물의 생태

　　　　　못생긴 사람을 보고 모과 닮았다고 하지만 식용, 약용으로서는 으뜸이다. 모과나무는 중국이 원산지며 장미과에 속하는 낙엽이 지는 큰 키 나무이고, 오래된 줄기는 봄이 오면 껍질이 벗겨져 매끄럽다. 잎은 어긋나 달리고 타원형이며 가장자리에 뾰족한 톱니가 있다. 꽃은 연한 홍색으로 5월에 피고, 열매는 목질이 발달해 9월에 황색으로 익으며 향기가 좋으나 신맛이 강하다.

2) 채취시기 및 사용부위

9~10월에 잘 익은 열매를 채취하여 얇게 썰어 모과청을 담그거나 햇볕에 말려 약재로 쓰거나 끓는 물에 5분쯤 넣었다가 꺼내 건조시켜 약으로 쓰기도 한다.

3) 효능 및 사용법

모과는 기침, 몸 전체가 붓고 뼈마디가 아플 때에 한약 처방에 많이 들어간다. 신진대사를 돕고 소화 효소와 분비를 촉진하며 근육경련 따위의 여러 가지 경련 증세를 가라앉힌다. 또한 곽란 토사와 폐렴, 기관지염, 갑자기 체했을 때, 더위를 먹었을 때, 목이 쉬었을 때, 두통 등에 약용한다. 여러 가지 통증과 염증을 제거하는 작용이 있으며 위장 기능을 좋게 한다. 다리에 힘이 빠졌을 때에도 원기를 돋우어 준다.

이와 같은 약의 효력은 예로부터 널리 알려져 왔으며, 몸에 어떤 나쁜 증상이 생기면 우선 모과 열매의 탕약과 모과주, 모과차를 마시면 아주 좋다. 모과의 과당은 당분의 흡수를 더디게 하고 흡수된 당분을 빨리 소비시켜 혈당의 상승을 막아 주는 효과가 있다.

열매를 얇게 썰어 설탕이나 꿀에 재워 두었다가 미지근한 물을 부어 모과차를 만들어 먹는다. 또 얇게 썬 모과 1kg에 200g의 설탕과 함께 2L의 소주에 담가 1개월 이상 묵히면 향기 좋은 모과주가 되는데 피로회복에 효과가 있으며 식욕을 증진시키는 데도 좋다.

410

메꽃

- **생약명** : 선화(旋花)　　• **채취부위** : 전초　　• **개화기** : 7~9월
- **약성** : 성질은 차고 맛은 쓰다.
- **효능** : 성기능 향상, 이뇨, 청혈, 진통

1) 식물의 생태

　　　　　메꽃은 전국 각지의 들판이나 산기슭, 햇볕이 잘 드는 풀밭, 밭, 논둑에 잘 자라는 덩굴성 여러해살이풀이다.

　　땅속 줄기는 흰색이며 사방으로 뻗어나고 길게 자란다. 잎은 서로 어긋나고 잎자루가 길며 긴 타원형이고, 꽃은 7~8월에 연한 홍색이고 잎 겨드랑이에서 한 송이씩 피며 아침에 피었다 저녁에 시든다. 열매는 난원형의 까만 씨가 익지만 씨를 맺지 않는 경우가 많다.

　　종류에는 큰메꽃, 갯메꽃, 애기메꽃 등이 있으며 갯메꽃은 약간의 독이 있어 먹을 수 없지만 다른 것은 다 약으로 쓴다. 메꽃은 나팔꽃과 꽃의 모습이 비슷하지만 나팔꽃은 색이 더 진하고 잎의 모양이 하트 모양이고 메꽃은 긴 삼각형 모습이다.

2) 채취시기 및 사용부위

꽃이 필 무렵인 여름에 전초를 채취하여 녹즙을 만들어 먹거나 말려 약으로 쓴다. 뿌리를 사용할 때는 초가을에 채취하여 깨끗이 씻어 햇볕에 말려 사용하거나 삶아서 먹기도 한다.

3) 효능 및 사용법

발기부전, 불감증, 성기능 향상에 최고의 약초이다. 메꽃은 남녀의 성생활과 밀접한 관련이 있는데 남자의 발기부전이나 여성의 불감증에 효과가 좋다. 메꽃잎은 나물로 먹고 꽃은 맑은 장국이나 식초로 무쳐 먹을 수 있으며, 뿌리는 국수와 비슷한데 삶거나 굽거나 튀겨서 먹는다.

약재로 쓸 때는 뿌리째 말린 후 10~15g을 물 1L가 반으로 줄 때까지 달여 그 물을 1일 3회 식후에 복용한다. 녹즙을 만들어 매일 3회 한 잔씩 같이 마시면 효과가 더 빠르고 확실하다. 여름철 무더위에 시달려 몸이 나른하고 기운이 없을 때 메꽃 뿌리를 생즙을 내어 먹으면 곧 몸에 활력을 찾을 수 있게 된다.

메꽃을 한자로는 선화(旋花)라고 하여 당뇨병과 고혈압을 치료하는 약으로 쓴다. 생리불순이나 대하증 같은 갖가지 부인병에도 좋은 효력이 있고 기관지염이나 동맥경화에도 좋다. 뿌리를 말려 가루 내어, 기름에 개어 신경통이나 관절염으로 통증이 있는 부위에 바르면 통증이 완화된다.

501

부처손

- **생약명** : 권백(卷柏)   **채취부위** : 전초   **번식** : 포자
- **약성** : 성질은 평하고 맛은 맵다.
- **효능** : 지혈, 생리불순, 항암효과, 황달

1) 식물의 생태

　　부처손과의 여러해살이풀이며 바위에 붙어 자란다. 비가 오면 살아나고 가물면 오므라들었다가 다시 퍼지곤 한다.

　포자낭수는 잔가지 끝에 1개씩 달리고 네모지다. 포자엽은 난상 삼각형이고 가장자리에 잔 톱니가 있으며 끝이 실처럼 가늘다.

　권백이란 잎이 오므라든 모습이 주먹을 쥔 것 같은 잣나무를 닮았다 하여 붙은 이름이고 만년송, 만년초, 장생불사초, 불사초, 회양초, 교시 등의 많은 이름으로 불린다. 한약명으로는 권백이라고 부르며 중국에서는 석상백, 또는 지측백이라고 한다.

2) 채취시기 및 사용부위

가을부터 이듬해 봄 사이에 전초를 채취해 사용하나 봄이나 초여름에 채취해서 사용하는 것이 약효가 더 좋다.

3) 효능 및 사용법

항암작용이 뛰어나고 여성의 불임증, 냉대하 등에 큰 효험을 나타낸다 부처손은 마음을 안정시키고 혈액순환을 좋게 하며, 피를 멎게 하며, 기침을 멈추게 하는 데 좋은 약초이다. 독이 없고 오래 먹으면 장수한다고 한다.

여성들의 자궁출혈이나 생리불순, 생리통에 효험이 크고 치질, 장출혈, 탈항, 피오줌 등에도 좋고, 몸을 따뜻하게 하는 효과가 있어서 여성의 자궁이 냉하여 임신을 하지 못하는 데에도 효과가 있다. 만성간염, 간경화증, 황달, 기침, 신장결석, 정신분열증, 갖가지 암, 기관지염, 폐렴, 편도선염에도 효험이 있으며 노인들이 힘이 없고 몸이 나른할 때 부처손을 달여 먹으면 기운이 난다고 한다.

중국에서 암 치료약으로 널리 쓰고 있는데 폐암, 피부암, 간암, 코암, 유방암, 자궁암 및 소화기관의 암에 두루 효과가 있다.

각종 암에는 부처손 30~60g을 물 한 되에 넣고 물이 반이 될 때까지 달여서 하루에 3~4번 나누어 마신다. 음부가 가려울 때는 부처손을 잘게 썰어 물로 달여 그 물로 목욕을 하거나 음부를 씻는다. 하루 3~4번씩 4~5일이면 효과가 나타난다.

502

바위솔

- **생약명** : 와송(瓦松) **채취부위** : 전초 **개화기** : 8~9월
- **약성** : 성질은 서늘하고 맛은 시고 쓰다.
- **효능** : 항암작용, 해독작용, 해열, 이질, 설사

1) 식물의 생태

    바위솔은 돌나물과의 여러해살이풀이다. 바위틈이나 오래된 기와지붕 위에 자라는 과육질이며 높이는 30cm 안팎이다. 잎은 주로 녹색이지만 자주색 또는 분칠한 듯한 흰색도 있다. 꽃은 9~10월에 흰색으로 피고 총상서화는 길이 6~15cm로 꽃이 빽빽이 달린다. 열매는 10월에 익으며 열매를 맺고 나면 죽는다.

2) 채취시기 및 사용부위

　　　　바위솔은 여름부터 가을 사이에 전초를 뽑아 불순물을 제거하고 햇볕에 말린 후 약용하거나 뿌리 부분을 제거한 지상부를 깨끗이 씻은 다음 갈아 녹즙을 만들어 복용해도 좋다.

3) 효능 및 사용법

　　　　바위솔은 옛날부터 꽃을 포함한 모든 부분이 학질, 간염, 습진, 이질, 설사, 치질, 악성종기, 화상 등의 치료에 쓰였으며 종기나 상처에 짓찧어 붙이면 고름을 빨아내는 효과가 큰 것으로 알려져 있다. 또 독을 풀어 주면서 해열, 지혈 작용도 강하게 나타낸다.

　　바위솔은 암 종양의 억제 치료에 71%의 효과가 있다는 한의학 임상경험이 발표된 바가 있다. 이 경우 바위솔 한 가지로 약용하는 것이 아니라 대추, 생강을 첨가한 사군자탕(인삼, 백출, 백봉령, 감초)과 배합해야 한다. 특히 소화기 계통의 암 환자는 77%가 호전 · 회복되었다는 것이다.

　　술을 마신 후 속이 더부룩할 때 바위솔의 생잎을 씹어 먹으면 위장이 편해진다. 소주에 담가 숙성시켰다가 마셔도 괜찮으며 해로움이 없다. 녹즙을 내어 요구르트나 우유를 가미하여 먹으면 맛도 좋고 먹을 만하다.

　　가을에 피어난 꽃이 시들어 갈 무렵에 채취하여 건조시킨 다음 탁탁 털면 먼지 같은 작은 씨앗이 떨어지는데 먼지 같고 너무 작아서 버리게 되는 경우가 있다. 이 씨앗은 엄청난 수이며, 이를 냉암소에 보존했다가 이듬해 봄에 파종한다. 암치료에 널리 쓰여 효과를 보는 바위솔이 요즘은 멸종 단계에 이르러 인위적으로 배양, 증식시켜야 할 정도로 구하기 어렵다.

503

비단풀

- **생약명** : 선도초(仙挑草)　**채취부위** : 전초　**개화기** : 7~8월
- **약성** : 성질은 평하고 맛은 쓰다.
- **효능** : 항암작용, 지혈, 해독작용, 진정

1) 식물의 생태

　　　비단풀은 대극과에 딸린 여러해살이풀이다. 오공초(蜈蚣草), 선도초 (仙挑草), 내금초, 점박이풀 등으로 부르고 지금(地錦), 지면(地綿), 초혈갈(草血 竭), 혈견수(血見愁)라는 이름도 있다, 쇠비름을 닮았으나 쇠비름보다 훨씬 작으며 풀밭이나 마당 길 옆에 흔히 자라지만 작아서 별로 눈에 띄지 않는다.

　　줄기는 땅바닥을 기면서 자라고 줄기나 잎에 상처를 내면 흰 즙이 나오며 잎은 길이 5~10mm, 너비 4~5mm의 작은 긴 타원형으로 마주 나며 가장자리에 작은 톱니가 있고 수평으로 퍼져서 두 줄로 배열된다. 꽃은 7~8월에 피고 9~10월이면 열매가 까맣게 익는다.

2) 채취시기 및 사용부위

잎이 무성한 여름철에 전초를 채취하여 깨끗이 씻은 다음 햇볕에 말려 약재로 사용한다. 또한 효소를 담글 땐 전초를 채취하여 잘 씻은 다음 물기를 털어 버리고 설탕을 버무려 항아리에서 숙성시켜 먹으면 좋은 청량음료가 되며 약효도 좋다.

3) 효능 및 사용법

비단풀은 항암작용과 해독작용, 항균작용, 진정작용 등이 뛰어나서 갖가지 암, 염증, 천식, 당뇨병, 심장병, 신장질환, 악성 두통, 정신불안 등에 두루 쓸 수 있다.

열을 내리고 독을 풀며 혈액순환이 잘되게 하고 피가 나는 것을 멈추게 하며 소변을 잘 나오게 하는 작용이 있다.

세균성 설사, 장염, 기침으로 목에서 피가 넘어올 때, 혈변, 자궁출혈, 외상으로 인한 출혈, 습열로 인한 황달, 종기, 종창, 타박상으로 붓고 아픈 것 등을 치료한다.

마음을 편안하게 하고 통증을 멎게 하는 작용이 있으며 독성은 전혀 없다. 복용법도 쉽고 간단하다.

말린 것은 하루에 5~10g을 달여서 하루에 두세 번 나누어 복용하거나 날것은 30~50g을 달여서 복용한다. 그늘에서 말려 가루 내어 복용할 수도 있다. 외용으로 쓸 때는 날것을 짓찧어 붙이거나 가루 내어 뿌린다.

비단풀은 항암작용이 뛰어나다. 특히 뇌종양, 골수암, 위암 등에 효과가 크다.

504

뱀도랏

- **생약명** : 사상자(蛇床子) ・ **채취부위** : 열매, 뿌리 ・ **개화기** : 7~8월
- **약성** : 성질은 따뜻하고 맛은 쓰다.
- **효능** : 강장, 수렴, 소염, 살충

1) 식물의 생태

사상자는 전국 각처의 풀밭이나 산지에서 자라는 산형과의 두해살이 풀이다. 뱀도랏, 사미, 파자초, 학슬이라는 이름으로도 불린다. 사상자란 뱀들이 웅크리고 있는 형상의 풀이라 해서 붙여진 이름이다.

키는 50~100cm 정도이고 전체에 잔털이 있다. 잎은 서로 어긋나고 2~3회 깃 모양으로 갈라지며 잎자루 밑둥은 줄기를 감싼다. 꽃은 7~8월에 흰색으로 피고,

열매는 9~10월에 익는데 짧은 가시 같은 털이 있어 다른 물체에 잘 붙는다.

2) 채취시기 및 사용부위

어린순은 봄에 채취하여 살짝 데쳐 나물로 먹을 수 있다.

늦여름부터 초가을 사이에 열매가 익어 갈 무렵 우산꼴의 꽃을 이삭째로 베어 햇볕에 말린 다음 두들겨서 떨어져 나온 열매를 모아 약재로 쓴다.

뿌리는 늦가을부터 이른 봄 사이에 채취하여 이물질을 제거한 후 깨끗이 씻어 햇볕에 말려 약재로 쓰기도 한다.

3) 효능 및 사용법

열매 달임약은 살충작용이 있어 배 속에 회충과 촌충을 몰아내며, 여자의 음부 가려움증, 발기력 부전으로 성교가 잘 안 되는 증세, 월경 전이나 해산 전에 누르스름한 액체가 나오는 증세에 효험이 있으며, 피부 가려움증에도 쓰인다. 사상자는 옛날부터 소염약으로 여성의 음부 질병을 다스리며 점액 분비물을 없애고 불임증을 고치는 데 써 왔다. 문둥병과 각종 가려움증을 물리치는 약이기도 하다. 하루 복용량은 대개 5~10g 정도이고 열매는 강장약으로서 효력이 있다.

여러 가지 피부 상처, 습진, 종기, 외치질, 피부 가려움증에는 열매 달임물로 자주 씻곤 한다. 민간에서는 잎과 줄기를 소화건위약, 류머티즘 치료약, 오줌을 잘 나오게 하는 약으로 써 왔으며, 이른 봄에 어린 싹과 뿌리를 잘게 짓찧은 것을 함께 섞어 나물로 해 먹었다. 쓴맛이 강하므로 데쳐서 잘 우려낸 다음 양념해서 식용해야 한다.

열매와 뿌리를 함께 소주에 담가 6개월 정도 묵혀서 날마다 조금씩 마시면 강장 효과가 있다.

505

백하수오

- **생약명** : 하수오(何首烏)　　**채취부위** : 뿌리　　**개화기** : 7~8월
- **약성** : 성질은 따뜻하고 맛은 쓰고 달다.
- **효능** : 강장, 강정, 보기, 보혈, 흑모, 신경쇠약

1) 식물의 생태

　　백하수오는 박주가리과의 식물로서 산이나 들의 양지바른 풀밭 야산의 경사지에 잘 자라며 여러해살이풀이다.

　　줄기는 1~3m 정도 자라며 뿌리가 땅속 깊이 들어간다. 꽃은 7~8월에 피며 연한 황록색으로 잎겨드랑이에 산형 화서로 달리고 꽃받침은 다섯 갈래이다. 열매는 9월에 달리는데 골돌형으로, 길이는 10cm 정도 된다.

씨방은 박주가리와 비슷하나 더 길고 표면이 매끄러우며, 어린 씨방은 먹을 수 있으며 다 익은 씨방은 벌어지면 솜털이 달려 있어 멀리 날아가 씨를 퍼뜨린다.

뿌리는 둥글둥글 염주처럼 이어져 달리고 큰 것은 옆으로 갈라지기도 한다. 겉은 갈색 껍질이 붙어 있고 속은 백색에 가깝지만 오래된 것일수록 노란 백색에 목질화된다.

2) 채취시기 및 사용부위

줄기는 야교등이라 하고 가을에 거두어 말려 약으로 쓴다. 뿌리는 가을부터 봄 사이에 채취하여 겉껍질을 벗겨내고 잘게 썰어 고온이나 햇볕에 말려 약으로 쓰고, 술을 담글 땐 겉껍질을 벗겨낸 후 그대로 2~3일 말려 사용한다.

3) 효능 및 사용법

하수오는 예부터 조선인삼, 구기자와 함께 강정의 3대 약초로 여겨져 왔다. 자양 보혈의 효능이 있으며 약성은 온화하고 위에 부담이 없어 보신제로서 널리 사용된다. 신경쇠약의 치료에 주요한 약재이며, 정신을 고양시키고 정력을 충실케 하며 원기를 북돋운다. 또한 인삼과 하수오를 4:6의 비율로 끓여서 먹으면 식욕부진, 신경쇠약, 건망증을 없애고, 오랫동안 복용하면 근육이 튼튼해지고 혈색이 좋아지고 머리카락도 검어지고 노화(老化)를 방지한다. 강장, 강정, 완하제로 사용한다. 생잎을 짓찧어 곪은 데 붙여서 고름을 흡수시킨다. 민간에서는 흰 머리카락을 검게 하는 약초로 알려져 왔으며, 특히 남자의 성기능을 높이는 데 중요한 약재로 사용되고 있다.

506

박주가리

- **생약명** : 라마(羅藦)   • **채취부위** : 전초   • **개화기** : 7~8월
- **약성** : 성질은 따뜻하고 맛은 쓰고 달다.
- **효능** : 강장, 강정, 해독, 지혈

1) 식물의 생태

　　　　　박주가리는 우리나라 각처에서 자생하는 덩굴성 다년생 초본이다.

키는 약 3m 내외까지 자라고, 잎은 길이가 5~10cm, 폭이 3~6cm로 털이 없으며 끝이 뾰족하고 뒷면은 분처럼 희다. 꽃은 7~8월에 흰색으로 피고 길이가 2~5mm로 꽃자루가 있고 옅은 자색이다. 줄기를 자르면 나오는 흰 유액이 나오는데 약간의 독성분이 들어 있다. 열매는 "나마자"라고 하며 10~11월에 달리고, 길이 10cm의 뿔 모양으로 앞쪽에는 돌기가 많이 있다. 종자는 길이는 5~6mm로 편평하며 명주실같이 은백색을 내는 것이 달려 있어 바람이 불면 쉽게 떨어져 날린다. 관상용으로 쓰이며, 어린 씨는 식용, 지상부 모두는 약용으로 쓰인다.

2) 채취시기 및 사용부위

연한 순을 4~5월에 채취하여 살짝 데쳐서 나물로 먹는다. 잎과 줄기는 7~8월에 채취하여 효소를 담가도 되고 잘게 썰어 말려 약으로 쓴다. 열매를 강장, 강정, 해독에 약용하는데 8~9월에 채취하여 약으로 쓴다. 뿌리는 잎이 지는 가을부터 봄 사이에 채취하여 깨끗이 씻은 다음 잘게 썰어 말려서 약으로 쓴다.

3) 효능 및 사용법

열매가 여물면 솜털이 붙은 씨앗을 털어 내 따로 모아서 약용한다.

박주가리씨 16g에 구기자 껍질, 오미자, 측백나무씨, 멧대추의 씨, 지황 뿌리를 각각 10g씩 배합하여 달여서 또는 가루로 빻아 하루 세 번으로 나눠 계속 복용하면 강장, 강정 약으로서 뛰어난 효과가 있으며 잎도 같은 목적으로 약용한다.

박주가리의 잎과 씨는 남자의 성기능을 높이는 데 뚜렷한 효과가 있다는 것이 실험적으로 밝혀졌다고 한다. 그리고 장기를 젊게 보하고 젖이 잘 나오게 하며 허약한 몸을 건강하게 하는 효험이 있으며, 또 새살을 나오게 하고 폐결핵과 음위증에 약용한다.

민간에서는 씨의 털을 상처에 붙이고, 각혈, 장출혈, 혈변 등의 피가 나오는 증세에 지혈약으로 썼다. 두드러기, 종기, 전염성 피부병에는 잎의 즙을 내어 바른다.

하루 15~60g을 달여 먹는다.

507

박하

- **생약명** : 인단초(仁丹草)　　**채취부위** : 전초　　**개화기** : 7~9월
- **약성** : 성질은 차고 맛은 맵다.
- **효능** : 건위, 소종, 피부질환, 진통, 청혈, 감기

1) 식물의 생태

　　야식향(夜息香), 번하채, 인단초(仁丹草), 구박하(歐薄荷)라고도 한다. 습기가 있는 들에서 잘 자라는 꿀풀과의 여러해살이풀이다. 줄기는 단면이 사각형이고 표면에 털이 있다. 키는 60cm 정도이고, 잎은 마주 달리고 3~10cm의 잎자루가 달리는 긴 타원형의 홑잎으로 끝이 날카롭고 가장자리에 뭉툭한 톱니가 있다. 꽃은 7~9월경 연보라색이나 흰색의 꽃이 밀집해서 피고, 향기가 좋아 사탕이나 치약의 원료로 사용되고 있다.

2) 채취시기 및 사용부위

꽃은 주로 오전 중에 피는데, 박하는 꽃이 피기 시작할 때 정유성분의 함유율이 가장 높으므로 이 시기에 수확한다. 1년에 세 번 잎을 채취하는데, 꽃피기 전 6월에, 꽃 핀 다음 8월에, 가을을 맞은 10월에, 이렇게 세 번에 걸쳐 줄기와 잎을 딴다. 이것을 하루 동안 햇볕에 놔뒀다가 쪄서 말려 쓴다.

3) 효능 및 사용법

박하의 정유는 위와 창자를 자극하여 장운동을 촉진하며 위와 창자 내의 세균에 대한 방부작용을 한다. 위 기능장애가 없어지고 위를 좋게 하여 소화불량이 생기지 않는다. 그리고 심장의 혈액순환에 장애가 생긴다든지 심장 혈관의 경련, 심장 부위의 근육 통증에 치료 효과가 있으며 심장마비를 예방한다.

박하에는 진통작용이 있어서 두통, 신경통, 편두통, 치통, 목 안이 붓고 아픈 통증들을 가라앉혀 준다. 약용에는 너무 오래 달이지 않는다는 것도 예부터 전해지고 있다. 술에 담가 우려낸 용액을 약용으로 삼곤 하는데 이 용액을 종기, 부스럼, 가려움증 등의 피부질환에 바르면 시원스럽게 효과를 본다.

이 우림약은 기도염증, 기관지염, 위염, 경련성 대장염, 감기, 구토, 메스꺼움, 해열에도 좋으며 입 안이 헐고 아플 때에 이것으로 입가심을 자주 한다.

박하 기름을 방부약으로 치약에 넣으면 입, 목구멍, 이를 깨끗하게 한다.

하루 5~10g을 달임약으로 쓴다.

508

배롱나무

- **생약명** : 자미화(紫微花) ·**채취부위** : 뿌리, 가지, 꽃 ·**개화기** : 7~8월
- **약성** : 성질은 차고 맛은 맵고 시다.
- **효능** : 방광염, 소종, 활혈, 지혈

1) 식물의 생태

　　100일 동안 피어 있어서 백일홍나무라고 하며, 나무껍질을 손으로 긁으면 잎이 움직인다고 하여 간즈름나무라고도 한다. 부처꽃과에 속하는 낙엽이 지는 넓은 잎의 큰 키나무이다.

　　키는 대체적으로 3~5m 정도이고, 줄기는 갈색에서 담홍색을 띠며 흰색의 얼룩무늬가 있다. 잎은 두껍고 윤기가 있으며 마주 달리고 줄기에 바로 매달리며 둥근 타원형으로 가장자리에 톱니가 없고 표면이 짙은 녹색이다.

꽃은 7~8월에 피며 분홍색이나 흰색의 꽃도 있으며 꽃의 색이 화려하고 오래가기 때문에 요즘엔 가로수나 정원수로 많이 심는다. 여름철 내내 꽃이 피며 여름 장마와 무더위를 이겨 내면서 꽃을 피워 내므로 나무백일홍(木白日紅)이라는 이름으로도 불린다.

열매는 삭과로 둥근 타원형이고 길이는 1cm 정도로 10월에 익는다.

배롱나무는 사람이 일부러 심지 않으면 스스로 번식할 수 없는 나무다.

2) 채취시기 및 사용부위

뿌리나 줄기는 가을철 잎이 지고 난 다음에 채취하여 깨끗이 씻은 다음 잘게 썰어 고열이나 양지에서 말려 쓴다.

꽃은 꽃잎이 피어나기 전 꽃봉오리를 채취하여 말려 사용한다.

3) 효능 및 사용법

여성의 생리불순, 불임증에 아주 효험이 있고 오줌소태에 특효약으로 불러도 손색이 없으며, 주로 흰 꽃이 피는 것만을 약으로 쓴다.

배롱나무는 꽃도 좋거니와 약으로도 쓰임새가 많고 목재로도 쓰임새가 많다.

민간요법으로는 널리 쓰이지 않았으나 방광염 치료에 거의 백발백중의 효과가 있으므로 꼭 기억해 둘 만한 약재다. 방광염에 동쪽으로 뻗은 배롱나무 가지를 채취하여 달여서 한 번에 마시면 즉효를 본다.

어린이들의 백일해와 기침, 여성들의 냉대하증, 불임증에는 배롱나무 뿌리를 캐서 양지에서 말려 두었다가 10g 정도를 달여서 하루 세 번으로 나누어 먹는다. 몸이 차서 임신이 잘 안 되는 여성은 배롱나무 뿌리를 진하게 달여서 꾸준히 복용하면 몸이 차츰 따뜻해지고 혈액순환이 좋아져서 임신이 가능하게 된다. 지혈작용도 있으므로 자궁출혈이나 치질로 인한 출혈 등에 효과가 있다.

509

벽오동

- **생약명** : 오동자(梧桐子) • **채취부위** : 씨, 나무껍질 • **개화기** : 6~7월
- **약성** : 성질은 차고 맛은 쓰다.
- **효능** : 강정, 강심작용, 해열, 해독, 건위, 관절염, 신장기능 향상

1) 식물의 생태

　　우리 겨레가 상서롭게 여기는 봉황은 벽오동나무에만 둥지를 틀며 먹이는 대나무 열매만을 먹는다고 믿어 왔는데, 벽오동나무에 봉황이 깃들어 청아한 소리로 울면 온 천하가 태평해진다 하여 사람들은 벽오동나무를 즐겨 심었다. 벽오동은 벽오동과에 속하며 중부 이남 지역에서 주로 자생하는 낙엽 지는 큰키나무이다.

　　잎은 부채처럼 널찍하고 3~5개로 갈라지고 어긋나서 자라고 가장자리에는 톱니가 없다. 잎자루는 잎보다 길고 줄기 껍질은 진한 녹색이며 꽃은 6~7월에 흰빛으

로 피고 열매는 가을에 익는다. 줄기는 한 해에 한 마디씩 자라고, 마디마다 가지가
돋아나는데 마디 수를 세어 보면 나무의 나이를 알 수 있다.

2) 채취시기 및 사용부위

잎을 쓸 때는 여름부터 가을 사이에 채취하여 그늘에 말려 사용한다.
줄기는 늦가을부터 봄 사이에 채취하여 잘게 쪼갠 후 말려 약으로 쓰고 열매는
"오동자"라 하여 완전히 익은 것을 채취하여 볶아서 사용한다.

3) 효능 및 사용법

벽오동 나무는 풍습을 없애고 열을 내리며 독을 풀며 약리실험에서 알코
올 추출액이 근육의 긴장도를 높이고 심장의 수축작용을 세게 한다는 것이 밝혀졌다.
정신 및 육체적 피로, 병후 쇠약에 쓰며 풍습으로 인한 아픔, 마비, 부스럼, 치
질, 창상, 출혈, 고혈압 등에도 쓴다. 하루 15~30g을 달여 먹는다. 외용으로 쓸
때에는 신선한 잎을 짓찧어 붙인다.
벽오동나무 씨는 건위 강정제로서 소화장애, 위통, 몸이 붓는 데, 어린이 구내
염, 정력을 좋게 하고 머리칼이 희어지는 데 쓴다. 뿌리는 뼈마디가 아프거나 부정자
궁출혈, 생리가 고르지 않을 때, 타박상 등에 쓴다. 벽오동나무 껍질을 한여름이나 가
을철에 벗겨 찬물에 담가 두었다가 나오는 진을 그릇에 받아 한 번에 50g씩 하루
2~3번 마시면 관절염, 디스크, 요통에 효과가 탁월하다. 특히 남성의 신장 기능과
폐 기능을 강화하는 데 효과가 크다. 노인들이 신장 기능이 허약하여 생긴 요통에
도 잘 듣는다. 또 간에 쌓인 독을 풀고 간 기능을 좋게 하며 남성들의 양기 부족에
도 깜짝 놀랄 만한 효과가 있다. 오동나무도 비슷한 효능이 있다.

510

백선

- **생약명** : 봉삼(鳳蔘)　　**채취부위** : 뿌리　　**개화기** : 5~6월
- **약성** : 성질은 차고 맛은 쓰다.
- **효능** : 거풍, 조습, 해열, 해독, 구충제

1) 식물의 생태

　　　　봉황삼, 봉삼이라고도 하며 한 뿌리에 수천만 원이나 수억 원씩에 거래되기도 했던 식물이다. 뿌리의 생김새가 봉황을 닮았고 산삼보다 약효가 더 높다고 선전하면서 이것을 술에 담가서 은밀하게 팔아 엄청난 재산을 모은 사람이 꽤 여럿 있었다.

　　백선은 운향과에 속하는 세계에 단 한 종인 여러해살이풀로서 전국의 산지에서 잘 자란다.

꽃은 5~6월에 흰색이나 연한 붉은색으로 피고 강한 향기가 나며 잎에 털이 많은 것을 털백선이라고 하는데 키는 1m 정도이다.

2) 채취시기 및 사용부위

늦봄부터 여름 사이에 뿌리를 캔 다음 껍질을 벗겨 씻은 다음 햇볕이나 고열에 건조 후 약재로 쓴다.

3) 효능 및 사용법

한방에서는 뿌리를 통경(通經), 황달, 구충 약으로 쓴다.

껍질의 달임약은 우선 팔다리의 운동이 불안한 증세와 중풍 치료에 중요한 약으로 알려지고 있다. 그리고 배꼽 주위가 딱딱하고 아픈 데, 월경 전이나 해산 전에 누르스름한 액체가 조금씩 흐르는 증세, 대장염, 간혈적으로 열이 오르는 증세, 두통, 류머티즘, 뇌막염, 월경장애, 황달에 약용하며 해열 진통작용이 있다.

백선 뿌리의 껍질은 피부에 생기는 온갖 질병에 중요한 약으로 쓰이며 뚜렷한 효과가 있다고 한다. 이것은 살균, 살충, 해독의 약성이 한데 합쳐져 이뤄지는 효과이다. 특히 무좀 치료에 효과가 좋으며 살갗 가려움, 사상성균 피부염, 심한 종기, 마른버짐, 만성습진, 고름집, 두드러기, 부스럼, 옴, 머리에 주로 생기는 피부질병 등에 약용한다. 이 경우 껍질과 잎을 함께 달여 환부를 자주 씻어 내거나 잎과 껍질을 함께 짓찧은 것을 붙인다.

민간에서는 씨를 기침약으로, 잎과 뿌리를 가래약으로 써 왔다.

하루 6~12g을 달여 세 번으로 나누어 복용한다.

511

번행초

- **생약명** : 번행(蕃杏)
- **채취부위** : 전초
- **개화기** : 4~11월
- **약성** : 성질은 평하고 맛은 달고 맵다.
- **효능** : 위장질환, 해독, 거풍, 소종

1) 식물의 생태

　　번행초는 중부 이남의 바닷가 모래 사장이나 바위틈 같은 곳에서 자라는 다육질의 여러해살이풀이며 갯상추로도 불린다.

　줄기는 땅을 기듯이 자라는데 가지를 많이 치기 때문에 한 포기가 한 아름이 되는 것도 있다. 줄기와 잎이 다육질이어서 잘 부러지고, 꺾으면 희고 끈적끈적한 즙이 나온다. 꽃은 4월부터 11월까지 이어서 피며 제주도같이 따뜻한 곳에서는 1년 내내 꽃이 핀다. 노란 종 모양의 꽃이 지고 나면 뿔 같은 딱딱한 돌기가 4~5개 달린 열매가 열린다.

생명력이 강하여 자갈밭이나 바위틈 등 몹시 척박하고 물기가 없는 곳에서도 잘 자라며, 육지에 옮겨 심어도 잘 자란다.

2) 채취시기 및 사용부위

번행초는 1년 내내 채취하여 사용할 수가 있으며, 특히 여름철 잎이 무성할 때 채취하여 녹즙을 만들어 먹거나 국을 끓여 먹어도 된다. 또한 전초를 채취하여 깨끗하게 손질한 후 햇볕에 말려 약으로 쓴다.

3) 효능 및 사용법

번행초는 위염, 위궤양, 위산과다, 소화불량 등 갖가지 위장병 치료 및 예방 효과가 높은 약초이다. 동시에 맛이 부드럽고 담백한 데다 식감이 좋고 영양가도 높은 야생 채소이다.

번행초를 꺾을 때 나오는 흰 유즙이 위벽을 보호하고 염증을 치료하는 작용을 한다. 어린잎은 살짝 데쳐 30분쯤 찬물에 담가서 떫은맛을 빼고 나물로 무치거나 된장국에 넣어 먹을 수도 있고 샐러드로도 먹는다. 녹즙으로 만들어 마시기도 하며 밀가루 옷을 입혀 튀김으로 만들어 먹거나 국을 끓여 먹어도 맛이 일품이다.

생선을 오래 보관하는 데도 쓴다. 고등어나 다랑어처럼 변하기 쉬운 생선은 잡은 즉시 배를 갈라 내장을 꺼내 버리고 대신 번행초를 가득 채워 넣어 두면 오래 두어도 변질되지 않으며 식중독에 걸릴 위험도 없다. 번행초에는 육류나 생선의 부패를 방지하는 특이한 효소가 들어 있기 때문이다. 이처럼 번행초는 맛있는 나물인 동시에 위장병, 고혈압에 효과가 높은 약초이다.

512

복령

- **생약명** : 복령(茯苓) · **채취부위** : 덩이뿌리
- **약성** : 성질은 평하고 맛은 달다.
- **효능** : 위장질환, 해독, 거풍, 소종

1) 식물의 생태

복령은 베어낸 지 여러 해 지난 소나무 뿌리에 기생하여 혹처럼 크게 자란 균핵이다. 지름 30~50cm쯤의 덩어리이고, 겉은 소나무 껍질처럼 거칠며, 속은 희거나 분홍빛이 난다. 속이 흰 것은 백복령, 분홍빛인 것은 적복령이라 하는데 백복령은 적송의 뿌리에 기생하고 적복령은 곰솔 뿌리에 기생한다. 또한 소나무 뿌리가 속으로 지나간 것을 복신이라고 한다.

2) 채취시기 및 사용부위

연중 어느 때나 채취가 가능하다.

땅속 20~50cm 깊이에 달린 것을 소나무 그루터기 주변을 쇠꼬챙이로 찔러서 찾아낸다. 복령은 소나무의 정기가 뭉쳐서 생긴다. 소나무를 가을철에 베면 뿌리에 복령이 생기지 않는다. 봄철에 벤 것이라야 복령이 생긴다.

3) 효능 및 사용법

백복령은 비를 보하고 담을 삭이는 작용이 있고, 적복령은 습열을 없애고 오줌을 잘 나오게 하는 작용이 좋다. 적복령이 약효가 더 높다고 하는데 우리나라에서 적복령은 그다지 많이 나지 않는다. 복신은 마음을 안정시키는 작용이 강하므로 불면증, 건망증에 효과가 좋다.

약리실험에서 이뇨작용, 혈당량 낮춤작용, 진정작용 등이 밝혀졌다. 복령의 다당류는 면역 부활작용, 항암작용을 나타낸다. 복령 껍질도 소변을 잘 나오게 하므로 붓는 데 쓴다. 하루 10~20g을 달임약, 알약, 가루약 형태로 먹는다.

513
비파나무

- **생약명** : 비파(批杷)   · **채취부위** : 잎, 열매   · **개화기** : 10～11월
- **약성** : 성질은 차고 맛은 쓰다.
- **효능** : 청혈, 화담, 윤폐, 거담

1) 식물의 생태

　　　　　　장미목 장미과의 상록 중 교목 잎은 짙은 녹색에 얕은 톱니가 있고 남부지방에서 관상수나 과수로 심고 원산지는 중국이다.

　잎에는 갈색의 털이 나 있고 거칠고 가죽질로서 표면은 혁질이며 뒷면에는 회백색의 잔털이 빽빽이 나 있다. 꽃은 가지 끝에 생기는 원뿔꽃차례에 빽빽이 나며 늦가을부터 초겨울에 피는데 연한 황백색을 띤 흰색이며 향기가 있다. 열매는 송이모양으로 달리며 초여름에 노란색으로 익는데 날로 먹거나 통조림에 이용된다. 목재는 끈기가 강하고 쉽게 부러지지 않아 작은 도구류의 재료로 이용된다.

2) 채취시기 및 사용부위

비파잎은 가을부터 봄 사이에 채취하여 앞뒷면의 흰 털을 완전히 제거한 후 그늘에서 말려 사용한다.

열매는 초여름에 익는데 완전히 익은 것을 채취하여 말려서 사용한다.

3) 효능 및 사용법

옛말에 "비파나무가 있는 집은 환자가 없다"는 말이 있듯이 비파나무의 효능은 대단하다고 볼 수가 있다. 한의에서 잎을 청량건위약으로, 기침가래약, 오줌내기약으로, 더위를 먹거나 만성기관지염, 천식, 부기에 쓴다. 또한 비파잎은 달여 먹으면 담을 삭이고 기침을 멎게 하고 혈액을 잘 생성시켜 주므로 혈색이 좋아진다. 민간에서는 비파잎은 땀띠를 비롯한 피부질병에 욕탕료로 쓰며 씨는 행인수(살구씨 추출액)와 같은 것을 만드는 데 쓴다.

비파잎은 서독을 풀고 갈증을 멎게 하는 효능이 있다. 학질, 구토, 각기, 갈증, 진해, 건위, 이뇨 등에 약재로 쓰인다. 비파잎을 달이면 아주 붉은색 물이 우러나온다. 기관지염 초기에는 열매 5개, 행인 12g, 패모 4g, 진피 8g을 더해 끓여 식힌 후 술을 타서 먹는다.

잘 익은 열매를 살짝 말린 후 술을 담가 6개월 정도 숙성시킨 후 복용해도 기관지염이나 가래를 삭이는 데 효능이 좋다.

514

벌나무

- **생약명** : 산청목(山淸木)　• **채취부위** : 전체　• **개화기** : 7~8월
- **약성** : 성질은 따뜻하고 맛은 쓰고 달다.
- **효능** : 간질환, 청혈, 이뇨, 해독

1) 식물의 생태

　　　　단풍나무과의 낙엽교목이며 해발 600m 이상인 고지대의 습기찬 골짜기나 계곡가에 드물게 자란다 나뭇가지가 벌집 모양이어서 벌나무라는 이름이 붙여졌다.

　　잎은 넓고 어린 줄기는 연한 녹색이며, 줄기가 매우 연하여 잘 부러지며 껍질이 두껍고 재질은 희고 가볍다. 연한 황록색 꽃이 7~8월에 피며 열매는 9~10월에 익는다.

　　나무껍질이 노나무의 껍질과 같고, 재목은 오동나무와 비슷하다.

2) 채취시기 및 사용부위

가을에 잎이 지고 난 다음에 잔가지나 줄기를 채취하여 잘게 썰어 말린 다음 약재로 쓴다. 그리고 여름에 무성한 잎을 채취하여 살짝 찐 후 바람이 잘 통하는 그늘에서 말려 차를 끓여 먹거나 약재로 쓴다.

잎, 가지, 줄기, 뿌리 등을 약으로 쓰는데 희귀하여 구하기 어려운 벌나무 대신 노나무를 써도 비슷한 효능이 있다.

3) 효능 및 사용법

간암, 간경화증, 간염, 백혈병 등에 치료효과가 있다. 노나무 잎보다 작고 광채가 나며 줄기는 조금 짧다. 독성이 없으므로 어떤 체질에도 부작용이 거의 없는 약재이다. 맛이 담백하며, 청혈제(淸血劑)와 이수제(利水劑)로도 쓰인다. 간의 온도를 정상으로 회복시키고 수분이 잘 배설되게 하여 간 치료약으로 사용된다. 노나무를 쓸 때는 체질에 따라 부작용이 나타날 수 있으므로 처음에 조금씩 사용하다가 양을 점점 늘려 가는 것이 좋다.

이 밖에도 해독작용, 청혈작용, 지방분해작용, 이뇨작용, 신경안정작용, 지사제 작용 등을 한다. 잎과 잔가지, 껍질은 지방간, 간염, 간경변증, 간암 등에 뚜렷한 치료작용이 있다.

필자는 몇 년 전 강원도 함백산으로 약초 산행을 가서 본 적이 있으며 잔가지를 조금 채취하여 약으로 쓴 적이 있지만, 구하기 힘든 나무이고 멸종 위기에 처해 있으므로 함부로 나무를 훼손해서는 안 된다.

515

뼈꾹채

- **생약명** : 누로(漏蘆) ・ **채취부위** : 전초 ・ **개화기** : 5∼6월
- **약성** : 성질은 따뜻하고 맛은 맵다.
- **효능** : 강정, 양혈, 소종, 지혈

1) 식물의 생태

뼈꾹나물, 대화계, 누로라고도 한다.

잎이 엉겅퀴 잎을 닮았으나 더 크고 전혀 가시가 없으며 잎의 앞 · 뒷면과 줄기 등 모두에 흰 털이 있어 쉽게 구별된다. 건조한 양지에서 자란다. 가지가 없고 굵은 뿌리가 땅속 깊이 들어간다.

꽃은 5∼6월에 피고 원줄기 끝에 두상화가 1개가 달리며 지름 5∼8cm로 홍색빛을 띤 자주색이다.

2) 채취시기 및 사용부위

이른 봄과 가을에 뿌리를 캐어 물로 씻은 다음 잘게 썰어 햇볕에 말려 약재로 쓴다.

4~5월에 올라온 새순을 채취하여 나물로 먹는다.

3) 효능 및 사용법

말린 뿌리는 만성 위염에 효과가 있다.

뿌리 달임약은 신경계통의 기능장애를 해소시키고 정신적, 육체적인 피로를 빨리 회복시켜 주는 장점을 가지고 있다.

낮에 이 달임약을 복용한 후 10분에서 20분 또는 1시간 가까이 지나면 중추신경계통이 흥분되어 활발히 움직이게 되는데, 이 작용이 오랜 시간 지속된다고 한다. 저녁이나 밤에 복용하면 중추신경계통에 억제가 생기고 이에 따라 깊이 단잠을 자게 된다. 이러한 흥분과 억제는 건강생활에서 매우 유익한 요인이 되는 것이다.

이 뿌리는 방광출혈과 직장출혈을 멈추게 하고 젖을 잘 나오게 하며, 류머티즘성 관절염, 풍습으로 인한 마비와 경련, 근육과 뼈의 통증을 약화시킨다.

잎과 뿌리를 함께 짓찧어 젖앓이와 악성종기, 심한 부스럼, 습진 등의 환부에 붙이면 해독, 배농작용을 한다.

엉겅퀴와 마찬가지로 남자의 양기를 북돋우고 정을 기르고 혈을 보하는 약이다.

건재 10~15g을 물 1L가 반으로 줄 때까지 달여 1일 3회 식후에 복용한다.

516

보리수나무

- **생약명** : 우내자(牛內子) · **채취부위** : 열매 · **개화기** : 4~5월
- **약성** : 성질은 평하고 맛은 달며 떫다.
- **효능** : 진해, 윤폐, 천식, 지혈

1) 식물의 생태

　　보리수나무의 보리는 곡식의 한 종류인 보리를 뜻하는 말이다. 곧 보리가 익을 무렵에 꽃이 피거나 열매가 익는다고 하여 보리수나무라는 이름이 붙었다.

　　보리수나무 종류 중에 절간이나 귀족의 정원에 심는 뜰보리수나무는 열매가 6~7월에 익고, 야산에 흔한 보리수나무는 열매가 9월에 익으며, 남쪽 바닷가에 자라는 보리장나무는 열매가 4~5월에 익는다. 꽃은 암수한그루로 4~5월에 피며 금은화처럼 백색으로 피어 연한 황색으로 바뀌고 은은한 향기가 난다.

우내자, 호퇴목, 뽈똥나무 등등 여러 이름이 있으며 열매와 잎, 줄기, 뿌리를 모두 약으로 쓴다.

2) 채취시기 및 사용부위

야산에 많은 보리수 나무의 열매가 익는 9월에 채취하여 말린 후 약재로 쓰고 줄기나 뿌리는 가을부터 봄 사이에 채취하여 잘게 썰어 말린 후 약재로 사용한다. 잎은 7~8월에 채취하여 그늘에서 말린 후 사용한다.

3) 효능 및 사용법

열매의 맛은 시고 달고 떫으며 성질은 평하고 독이 없다. 설사, 목마름, 천식, 해수를 주로 치료한다. 오장을 보익(補益)하고 변열(煩熱)과 소갈(消渴)을 없앤다. 거두어들이는 성질이 있고 설사와 피나는 것을 멎게 하고 소화불량, 골수염, 부종, 생리불순, 치질, 허리 삔 것을 낫게 한다. 열매를 가을철 잘 익었을 때 따서 잼을 만들어 먹거나 말려 가루로 만들어 수시로 열심히 먹으면 아무리 오래되고 잘 낫지 않는 천식도 치유가 가능하다. 뿌리의 맛은 시고 성질은 평하며 독이 없다. 가래를 삭이고 피나는 것을 멎게 하며 풍을 없애고 습을 내보내며 음식이 체한 것을 내려가게 하고 인후통을 낫게 한다. 기침, 피를 토하는 데, 가래, 객혈, 장출혈, 월경과다, 류머티즘, 황달, 설사 등에 좋은 효력이 있다. 잎은 기침과 천식, 옹저(癰疽), 외상으로 인한 출혈, 천식으로 인해 기침이 나고 숨이 차는 것을 낫게 한다.

517

바디나물

- **생약명** : 전호(前胡)   **채취부위** : 뿌리   **개화기** : 8～9월
- **약성** : 성질은 차고 맛은 달다.
- **효능** : 해열, 고혈압, 신경통, 건위

1) 식물의 생태

　　　　　연삼이라고도 하며 꽃은 8～9월에 흰꽃과 보랏빛 꽃을 피우는 것이 있다. 주로 숲 가장자리와 같이 약간 습기가 있는 곳에서 잘 자라며, 높이는 1m 내외이고 굵은 뿌리에서 줄기가 나와 가지가 갈라진다. 잎은 톱니가 있고 뒷면 맥 위에 퍼진 털이 약간 있다. 줄기에서 나온 잎은 어긋나고 뿌리에서 나온 잎과 비슷하지만 점점 작아져서 잎집만으로 된다. 꽃은 5～6월에 산형꽃차례로 피고 열매는 분과로서 바소꼴이고 녹색이 도는 검은색이며 밋밋하거나 돌기가 약간 있다. 바디나물

속의 종류는 우리나라에 약 12종이 야생한다.

2) 채취시기 및 사용부위

지상부를 쓸 때는 꽃이 피기 전 꽃망울이 발아한 것을 채취하고, 또 가을에 뿌리를 캐어 씻은 다음 햇볕에 건조시켜 약재로 쓴다.

3) 효능 및 사용법

연삼은 당뇨병 치료에 신약이다. 어린순은 나물로 먹으며, 한방에서 뿌리를 전호(前胡)라는 약재로 쓰는데, 해열·진해·거담 작용을 하여 감기, 기침, 천식 등에 효과가 있다. 1회 복용량은 2~4g이다. 산속에서 목이 마르거나 허기가 질 때 연삼을 한두 뿌리 캐 먹으면 갈증도 없어지고 배고픈 줄도 모르게 된다. 연삼을 먹고 나서 물을 한 모금 마시면 물맛이 꿀처럼 달게 느껴진다.

연삼은 마음을 진정시키는 효과도 있으며 고혈압, 동맥경화, 관절염, 여성의 생리불순, 생리통, 냉증, 불임증, 빈혈 등에도 뚜렷한 치료 효과가 있다. 연삼을 잘 활용하면 관절염, 신경통, 당뇨병, 고혈압, 부인병, 간염, 간경화 등 거의 모든 질병을 고칠 수 있다. 연삼 뿌리를 20도의 술에 담가 3~6개월 숙성시킨 연삼주도 그 맛과 향이 각별하다. 구토, 구역질, 어린이의 감기에는 진하게 달여 복용해야 효력이 생긴다. 뿌리는 건위약의 배합재로 쓰기도 하며 신진대사를 촉진, 오장을 통하게 하고 구토, 구역질, 가래 기침에 유효하다. 미나리과 식물 중에서 약효가 가장 높은 것은 연삼(軟蔘)이다.

518
붉나무

- **생약명** : 염부목(塩腐木)　• **채취부위** : 열매, 줄기, 뿌리
- **개화기** : 7~8월
- **약성** : 성질은 따뜻하고 맛은 짜다.
- **효능** : 지혈, 만성장염, 해독, 지사

1) 식물의 생태

　　　　오배자나무, 염부목, 굴나무, 뿔나무, 불나무라고도 한다.
야산의 바위틈이나 산 아래쪽에 많이 자라며 옻나무과의 낙엽이 지는 활엽관목이다.
높이는 7~8m까지 자라고 가을에 단풍나무보다 더 붉게 물들어 가을산을 아름
답게 만든다. 꽃은 노란빛을 띤 흰색이며 꽃이삭에 털이 있다. 열매는 편구형(扁球形)
핵과로서 노란빛을 띤 붉은색이며 노란빛을 띤 갈색의 털로 덮이고 10월에 익는다.

2) 채취시기 및 사용부위

붉나무 잎이나 껍질에서 나오는 흰 진을 받아 화상이나 피부병 등에 바른다. 열매는 오배자라고 하는데 9~10월에 채취하여 약용하고 뿌리, 줄기는 가을철 잎이 지고 난 다음부터 봄까지 채취하여 껍질을 벗겨 말려 약으로 쓴다.

3) 효능 및 사용법

약소금이 열리는 붉나무, 급·만성 대장염, 오랜 기침, 설사를 치료하는 데 사용한다. 잎은 가을에 빨갛게 단풍이 들고 가지를 불사르면 폭음이 나며 잎자루 날개에 진딧물의 1종이 기생하여 벌레혹(충영)을 만드는데, 이것을 오배자(五倍子)라고 한다. 오배자는 타닌이 많이 들어 있어 약용하거나 잉크의 원료로 쓴다.

벌레혹 안에는 날개가 달린 암벌레 1만 마리 내외가 들어 있으며, 근처의 이끼 틈에서 겨울을 지낸다.

일본에서는 붉나무를 금강장(金剛杖)이라고도 하는데, 죽은 사람의 관에 넣는 지팡이를 붉나무로 만들었다. 시체를 화장한 뒤에 뼈를 줍는 젓가락도 붉나무로 만든다.

불가에서는 붉나무를 호마목 (護摩木)이라고 하고 부처를 모신 불단에 붉나무의 진을 바르는 풍속이 있다. 붉나무 껍질과 잎은 급성이나 만성 장염에 특효약이라 할 만하다. 잎을 잘게 썰어서 물엿처럼 될 때까지 진하게 달여서 먹으면 신통하다고 할 만큼 잘 낫는다. 설사가 나거나 곱똥을 누거나 대변에 피가 섞여 나오는 증상, 배에 가스가 차고 속이 더부룩하며 가끔 아랫배가 아픈 증상 등에 효험이 크다.

519
비수리

- **생약명** : 야관문(夜觀門) · **채취부위** : 지상부 · **개화기** : 8～9월
- **약성** : 성질은 평하고 맛은 쓰고 맵다.
- **효능** : 신방광, 강정, 명목, 해독

1) 식물의 생태

　　노우근(老牛筋), 호지자, 산채자, 야관문이라고도 한다. 콩과에 딸린 여러해살이풀이다. 높이는 1m 정도이며, 잎은 어긋나게 빽빽하게 달리고, 꽃은 8～9월에 자주빛이 도는 흰색이고, 열매는 9～10월에 익는다. 야관문은 밤에 빗장을 열어 주는 약초라는 뜻이니 그 이름이 묘하다. 이것을 먹으면 천리 밖에서도 빛이 난다고 하여 천리광(千里光)이라고도 한다. 또 큰 힘을 나게 한다 하여 대력왕(大力王)이라고도 하며, 뱀을 쫓는다고 하여 사퇴초(蛇退草)라는 이름도 있다.

2) 채취시기 및 사용부위

9~10월 열매가 익을 무렵 지상부를 채취하여 다발로 묶어 그늘에서 2~3일간 말린 후 잘게 썰어 약으로 쓰기도 하고, 신선한 것을 그대로 약으로 쓰기도 한다.

3) 효능 및 사용법

여러 가지 남성 질병, 양기부족, 조루, 유정, 음위증 등을 치료하는데 뛰어난 효력이 있다. 2~3일만 복용하면 그 효과를 확인할 수 있다. 부작용이 전혀 없는 천연 비아그라의 효능을 지닌 약초다.

그러나 야관문을 그냥 달여 먹거나 가루 내어 먹어서는 전혀 효과가 없다. 차로 끓여 먹어도 마찬가지다. 야관문은 반드시 술로 우려내야만 그 진가가 나타난다. 20도의 술에 야관문을 술 양의 3분의 1쯤 넣고 3개월쯤 우려내어 조석으로 식후에 한 잔씩 마신다. 특히 신장기능이 허약한 노인들의 양기 부족에 탁월한 효과가 있다.

폐와 간, 콩팥에 주로 작용한다. 간과 콩팥을 튼튼하게 하고 어혈을 없애며 부은 것을 내리게 한다. 몽정, 대하, 설사, 타박상, 천식을 낫게 하고 눈을 밝게 하며 근육과 힘줄을 부드럽게 하며 혈액순환이 잘되게 한다. 또 열을 내리고 배 속에 있는 벌레를 죽이며 유방에 생긴 종기, 뱀에 물린 상처, 눈이 빨갛게 충혈된 것을 치료한다. 위궤양, 탈항에도 효과가 있다. 야관문을 오래 먹으면 눈이 밝아지고 눈병에 잘 걸리지 않는다.

520

뽕나무

- **생약명** : 상목(桑木)　　**채취부위** : 전체　　**개화기** : 5월
- **약성** : 성질은 차고 맛은 달다.
- **효능** : 보혈, 강장, 윤폐, 양혈

1) 식물의 생태

　　전국의 산지에서 자라고 농가에서 재배를 많이 하는 뽕나무과의 낙엽
지는 작은키나무이다. 산지에서 자라는 뽕나무는 잎이 작고 재배하는 뽕나무는 잎
이 넓고 크다. 비슷한 것으로 잎이 더 많이 갈라지는 가새뽕나무, 울릉도에서 자라
는 잎이 두꺼운 섬뽕나무, 줄기에 가시가 있는 꾸지뽕나무 등이 있다.

　　꽃은 5월에 피며, 열매는 7~8월에 검은색으로 익는데 오디라고 한다.

2) 채취시기 및 사용부위

　　　　　뽕나무는 단 하나라도 버릴 것이 없는 약초이며 뿌리, 줄기, 잎, 열매, 잎을 먹고 자란 누에 등등 모두가 중요한 약재로 사용된다.

　뿌리는 심을 제외한 껍질을 벗겨 말려 약으로 쓰고, 줄기도 껍질을 사용하며, 어린잎은 나물로 먹거나 쌈으로 먹기도 하며 쪄서 말린 다음 잘게 썰어 차를 끓여 먹기도 한다. 열매는 완전히 익은 다음에 채취하여 말려 쓰거나 생것 그대로 쓰기도 한다.

3) 효능 및 사용법

　　　　　보혈 강장의 불로장수약 뽕나무는 뽕나무와 산뽕나무가 있다.

　뽕나무 열매를 오디라 하여 심경, 간경, 신경에 작용한다. 음혈을 보해 주고 진액을 불려 주며 소변이 잘 나오게 한다. 또한 대변을 무르게 하고 머리칼을 검어지게 한다. 하루 20~30g을 달이거나 말려서 먹는다.

　뽕잎은 폐경, 간경에 작용한다. 풍열을 없애고 혈열을 내리며 출혈을 멈추고 눈병을 낫게 한다. 고혈압 등에도 사용한다. 하루 10~15g을 달여서 먹는다.

　뽕나무 가지는 간경에 작용한다. 비증, 팔이 쑤시는 데, 사지경련, 각기, 부종, 고혈압, 사지마비, 류머티즘성 관절염 등에 쓴다. 하루 10~15g을 달여 먹는다.

　뽕나무 뿌리껍질은 폐경에 작용한다. 폐열로 기침이 나고 숨이 찬 데, 혈담, 부종, 소변불리, 고혈압, 기관지천식, 기관지염 등에 쓴다. 하루 10~15g을 달이거나 가루 내어 환으로 지어 먹는다. 외용 시는 탕액으로 씻는다.

521

배초향

- **생약명** : 곽향(藿香)　• **채취부위** : 지상부　• **개화기** : 7～9월
- **약성** : 성질은 따뜻하고 맛은 달다.
- **효능** : 거습, 건위, 감기, 노화방지

1) 식물의 생태

　　　　방아잎, 중개, 방아풀이라고도 한다. 경상도 지방에서는 추어탕에 들어가는 필수 식품이기도 하다. 꽃은 7～9월에 피고 자줏빛이며, 어린순을 나물로 하고, 관상용으로 가꾸기도 한다.

2) 채취시기 및 사용부위

　　　　7~9월 꽃이 피어 있을 때 지상부를 채취하여 깨끗이 씻어 바람이 잘 통하고 서늘한 그늘에서 말려 2~3cm 되도록 잘라 사용한다. 식용으로 할 때는 여름철 잎을 채취하여 사용한다.

3) 효능 및 사용법

　　　　소화, 건위, 진통, 구토, 복통, 감기 등에 약으로 사용한다. 위액 분비를 촉진하여 소화력을 강화하게 하고 여름의 일사병도 예방하게 된다. 또한 여름감기, 두통, 복통, 설사, 종양에도 효험을 나타낸다고 예부터 알려지고 있다. 신물질 연구소의 발표자료에 의하면 노화방지에 탁월한 효과가 있는 것으로 확인되었다.

　　이와 비슷한 향유, 꽃향유 종류도 배초향과 동일하게 식용, 약용이 된다. 이 식물들에도, 노화방지·암예방에 특효하다는 베타카로틴이 풍부할 것이라 믿어진다. 메스꺼움이나 구토증을 자주 느끼는 사람이 배초향 잎을 씹든지 달여 마시면 그 증세가 슬며시 없어진다.

　　여름철 꽃 필 무렵에 전초를 채취하여 날것을 짓찧어 또는 건조시켜 뭉근히 달여서 자주 입가심하면 입안이 개운하고 입냄새가 없어져 상쾌하며, 구강건강에 매우 좋다. 그 밖에 메스꺼움이나 구토증도 방지할 수 있다. 또한 전초를 짙게 삶아 낸 약물을 욕조의 뜨거운 물에 붓고 몸을 푹 담그면 피로회복과 두통, 감기에 효험이 있다. 잎은 보신탕, 추어탕 맛의 격을 높이며 음식 조리에 훌륭한 향신료가 된다.

601

산국화

- **생약명** : 감국(甘菊)　　**채취부위** : 꽃　　**개화기** : 9〜10월
- **약성** : 성질은 차고 맛은 쓰다.
- **효능** : 해열, 고혈압, 안질환, 숙취해소

1) 식물의 생태

　　　　황국(黃菊)이라고도 한다. 가을이 되면 노란 꽃을 피우는 국화과의 식물로 야산의 양지바른 곳에 많이 자란다. 높이가 50〜100cm 정도이고, 10〜11월에 작은 꽃망울의 노란색 꽃이 피며, 맛이 매우 쓰고 향이 진하다.

2) 채취시기 및 사용부위

　　　　　　꽃이 피기 전의 꽃봉오리를 채취하여 그늘에서 말린 다음 끓여 차로 마시거나 약으로 쓴다. 10월에 꽃을 채취하여 말려서 술을 담가 먹거나 차로 끓여서 먹기도 하고 어린잎은 나물로 쓴다.

3) 효능 및 사용법

　　　　　　산국은 꽃이 더 작고 향이 진하며 쓴맛도 더 강하고 약효도 비슷하다. 한방에서 열 감기, 폐렴, 기관지염, 두통, 위염, 장염, 종기 등의 치료에 처방한다. 민간요법으로는 풀 전체를 짓찧어서 환부에 붙이거나 생초를 달인 물로 환부를 씻어 낸다. 가을에 꽃이 피기 전의 꽃봉오리를 따서 음건하여 차를 끓여 마시거나 볶아서 쓴다.

　　산국화는 예로부터 몸이 가벼워지고 노화를 막아 주는 불로장수의 식물로 알려져 왔다. 해열 제독의 작용을 하며 현기증, 감기, 두통, 눈의 충혈, 폐렴, 기관지염, 위염, 고혈압 치료에 쓴다. 감국꽃에 인동꽃(금은화)을 첨가하여 달이면 동맥경화증에 효험이 있으며, 감국꽃에 쇠무릎 뿌리를 적당량 넣어 달여 마시면 고혈압, 협심증에 효과가 있다. 악성종기와 부스럼이 생기면 생잎을 짓찧어 붙인다. 해독 해열작용으로 몸 속의 나쁜 기운을 없애 준다. 하루 10~15g 정도를 달여 마신다.

　　전초를 채취하여 건조시켜 잘게 썰어 베갯속을 만들어 사용하거나 침실에 두면 머리를 맑게 하는 데 아주 효과적이며, 노인성 눈 질환에는 빠짐없이 처방되는 것이 감국이다.

 **주의사항**

풍한 두통이나 오한을 수반하는 관절염이나 소화장애에 의한 설사 환자에게는 쓰지 않는다.

602

사철쑥

- **생약명** : 인진호(茵蔯蒿)　• **채취부위** : 전초　• **개화기** : 8~9월
- **약성** : 성질은 따뜻하고 맛은 쓰다.
- **효능** : 간 질환, 황달, 이뇨, 해독

1) 식물의 생태

　　　　한약명은 인진호이며 이명은 면인진, 인진, 야호, 소백호, 황화호, 미채호, 인진초, 비쑥, 애탕쑥으로 부르기도 한다. 쑥과 더불어 산과 들에 무성히 자라는 여러해살이풀이다.

　줄기 밑둥은 나무처럼 굳어지고, 잎은 서로 어긋난 자리에 달리며 두 번 깃털꼴로 갈라진다. 갓 피어난 잎 양면에는 거미줄과 같은 털이 생겨나 있으며 표면에는 오목한 점이 산재하여 있다. 높이는 1m 정도이고 7~8월에 황색의 꽃이 피며 열매는 작으며 11월에 익는다. 겨울에 지상부의 윗 줄기는 말라도 그 아랫쪽에 살아 있다.

유사종으로 잎 뒷면에 흰색 털이 밀생하는 흰더위지기가 있다.

2) 채취시기 및 사용부위

꽃이 피기 전 지상부 전체를 베어다가 그늘에 말려서 약재로 쓴다.

3) 효능 및 사용법

줄기와 잎을 약으로 쓴다. 잎은 이뇨, 이담, 간염, 황달에 효능이 있다. 동물실험에서 달임약을 먹인 결과 간의 해독 기능이 있었으며 간의 지방화를 막는 작용이 있다는 것이 밝혀졌다. 따라서 급성간염, 만성간염, 지방간, 간경화증, 황달 등 간장 질환에 효과가 있음을 알 수 있다. 또 간을 맑게 하고 쓸개를 이롭게 함으로써 간, 담 질병 치료에 유익하다. 그리고 항염증, 해열의 작용이 있어서 담낭염, 열성질환, 땀내기, 발열성 황달에 약용하며 소변불리, 소화장애, 간질병의 여러 증상에도 쓰인다. 쑥과 섞어 달이면 더 효과적이며, 특히 간염에 특효약이 된다고 한다. 하루 복용량은 10~20g 정도이다.

603

새삼

- **생약명** : 토사자(菟絲子)   **채취부위** : 열매, 뿌리   **개화기** : 7～8월
- **약성** : 성질은 평하고 맛은 달다.
- **효능** : 강정, 명목, 당뇨, 유정

1) 식물의 생태

　　토끼 허리를 고쳤다고 해서 토끼 토(兎) 자와 그 풀이 실처럼 엉켜 있다 하여 실 사(絲) 자와 씨앗 자(子) 자를 합쳐 '토사자'라는 이름이 지어졌다고 한다. 토사자는 우리말로 새삼 씨라고 부른다. 메꽃과의 식물로 한해살이풀이며 햇볕이 잘 드는 들에서 자라며 칡덩굴이나 콩밭에 많이 기생하는 식물이다.

　　잎이 없고 누런색이나 누런밤색의 덩굴이 다른 식물을 감고 올라가며 자란다.

7~8월 줄기에서 흰색의 작은 꽃이 모여서 핀다. 열매는 들깨만 하고 빛깔은 갈색이며 씨앗은 아주 작은 흑갈색으로 9~10월에 익는다.

2) 채취시기 및 사용부위

열매가 익기 전에 덩굴 전체를 채취하여 바닥에 천막을 깔고 그 위에 말려 두었다가 완전히 마르면 두들겨서 열매를 채취하여 약으로 쓴다.

3) 효능 및 사용법

주로 간과 신장을 보호하며 눈을 밝게 한다.

새삼 씨에는 칼슘, 마그네슘, 나트륨, 니켈, 라듐, 철, 아연, 망간, 구리 등 광물질과 당분, 알칼로이드, 기름, 비타민 B1, B2 등이 들어 있다. 새삼 씨는 양기를 돕고 신장 기능을 튼튼하게 하는 약재이다.

신장이 허약하여 생긴 음위증, 유정, 몽설 등에 효과가 좋다. 또 뼈를 튼튼하게 하고 허리 힘을 세게 하며, 신장 기능이 허약하여 허리와 무릎이 시리고 아픈 것을 치료한다. 그리고 오줌소태와 소변을 잘 보지 못하는 것과 설사를 낫게 하며 간을 보하여 눈을 밝게 하고 태아를 보호하는 작용도 있다.

새삼 덩굴을 즙을 내어 한 잔씩 마시거나 씨앗을 달여 차처럼 자주 마시면 당뇨병에 효험이 있다. 새삼 씨를 술에 담가서 먹으면 피로가 없어지고 양기가 좋아진다.

오래 먹으면 몸이 따뜻하고 여성의 냉증이 없어지고 얼굴에 여드름이 많을 때 새삼 술로 세수를 하면 얼굴이 깨끗해진다.

604

석창포

- **생약명** : 창포(菖蒲)　• **채취부위** : 뿌리　• **개화기** : 6～7월
- **약성** : 성질은 따뜻하고 맛은 맵다.
- **효능** : 두뇌질환, 진통, 진정, 건위

1) 식물의 생태

　　천남성과의 여러해살이풀로서 산지나 들판의 냇가에서 자라며 생명력이 강해 물이 없어도 잘 안 죽는다. 뿌리줄기는 옆으로 뻗고 마디에서 수염뿌리가 나오며 땅속에서는 마디 사이가 길지만 땅 위에 나온 것은 마디 사이가 짧고 녹색이며 지네등 같은 느낌을 준다. 꽃은 양성화이고 6～7월에 노란색으로 피며, 열매는 녹색이고 밑 부분에 화피 조각이 남아 있고 8～9월에 익는다.

2) 채취시기 및 사용부위

봄이나 가을철에 뿌리를 채취하여 줄기, 잎, 수염뿌리를 제거하고 깨끗이 씻은 다음 그늘에서 말린 후 약재로 쓴다.

3) 효능 및 사용법

석창포는 두뇌 계통의 질환에 선약(仙藥)이다. 공부하는 학생이나 정신노동자들에게 제일 좋은 약초가 석창포다. 한방에서는 뿌리줄기를 진통, 진정, 건위제로 사용하고, 민간에서는 목욕물에 넣기도 한다. 석창포는 정신을 맑게 하며 기억력을 좋게 하는 데 아주 좋은 약이다. 석창포를 오래 먹으면 머리가 총명해져서 공부를 잘하게 된다. 과외공부하는 것보다는 석창포를 열심히 먹는 것이 공부에 더 도움이 된다고 할 수 있다.

현기증이나 어지럼증, 건망증이 있는 사람은 석창포 뿌리를 달여 먹거나 말려서 가루 내어 먹으면 효과가 좋다. 한방에서는 석창포를 청량, 건위약으로 쓴다.

석창포를 오래 먹으면 귀와 눈이 밝아지고 목소리가 고와지며 몸이 따뜻하게 되어 오래 살게 된다. 중국 도가의 경전을 집대성한 책인 『도장경』에는 석창포를 오래 먹으면 신선이 된다는 얘기가 나온다.

"석창포는 수초(水草)의 정영(精英)이며 신선이 될 수 있는 영약이다."

석창포는 항암 효과가 강하여 중국이나 북한에서는 암 치료약으로 쓴다.

건망증, 기억력을 좋게 하려고 할 때에 석창포 3~6g을 물로 달여서 차처럼 수시로 마신다. 영지를 더하면 더욱 좋다. 꾸준히 복용하면 머리가 맑아지고 총명해진다.

온갖 독을 풀 때에는 석창포와 백반을 각각 같은 양으로 섞어 가루 내어 한 번에 3~5g씩 물로 먹는다.

605

산해박

- **생약명** : 서장경(徐長卿), 귀독우(鬼督郵)   • **채취부위** : 전초
- **개화기** : 6~7월
- **약성** : 성질은 따뜻하고 맛은 맵다.
- **효능** : 신경쇠약, 거통, 진경작용, 불면증

1) 식물의 생태

　　한자로는 서장경(徐長卿), 토세신(土細辛), 천운죽(天雲竹) 등으로 쓴다. 박주가리과의 여러해살이풀이다. 높이가 60cm 정도이고, 잎이 마주 나고, 줄기가 가늘고, 열매는 긴 타원형이며, 뿌리는 가늘고 긴 수염뿌리이다. 꽃은 6~7월에 엷은 보랏빛으로 피고, 열매는 8~9월에 익는다.

2) 채취시기 및 사용부위

산해박의 뿌리와 줄기, 잎 모두 약으로 쓰는데 꽃이 필 무렵인 6~7월에 전초를 채취하여 깨끗이 씻은 다음 그늘에서 말려 약재로 쓴다.

3) 효능 및 사용법

불면증, 신경쇠약에 특효가 있다. 진통, 진정, 혈압강하, 신경쇠약에도 불가사의하다고 할 만큼 좋은 약초가 산해박이다. 신경쇠약증은 대개 여러 가지 정신 증상과 신체 증상이 동시에 나타나는데 산해박 뿌리, 줄기, 잎 등을 그늘에서 말려 가루 내어 한 번에 10~15g씩 하루 2번 먹거나 10~15g 정도를 물 1L가 반으로 되도록 약한 불에 달여 하루 3번 식후 복용한다.

산해박은 마음을 안정시키고 통증을 멎게 하는 작용이 강하여 신경쇠약을 치료하는 데 요긴하게 쓰이는 약재다. 뿌리, 줄기, 잎에 정유, 향기가 강한 쿠마린, 알칼로이드 등이 들어 있고, 뿌리에 1%쯤의 페놀 성분이 들어 있다. 류머티스 관절염, 몸이 붓는 데, 이가 아픈 데, 속이 더부룩하고 소화가 안 되며 가스가 찬 데, 생리통, 요통, 신경통 등에도 쓴다. 날로 생즙을 내어 습진, 타박상, 피부염에 발라도 효과가 있다.

주의사항

몸이 너무 허약한 사람은 복용하지 않도록 한다. 명현반응이 심하게 나타날 수 있기 때문이다.

606

산초나무

- **생약명** : 야초(野草)　•**채취부위** : 열매　•**개화기** : 8~9월
- **약성** : 성질은 따뜻하고 맛은 맵다.
- **효능** : 간 질환, 청혈, 이뇨, 해독

1) 식물의 생태

　　산초나무는 운향과에 속하는 낙엽성 나무이다. 우리나라 대부분의 지역에 분포되어 있으며, 주로 야산에서 잘 자란다.

　꽃은 암수딴그루이고 8~9월에 흰색으로 피며, 열매는 삭과이고 둥글며 길이가 4mm 정도이고 녹색을 띤 갈색이며 다 익으면 3개로 갈라져서 검은색의 종자가 나온다.

　잎은 13개 이상이고 길쭉하며 잎 끝이 뾰족하고 가시가 하나씩 어긋나 달린다. 가시가 없는 것을 민산초, 가시의 길이가 짧고 잎이 달걀 모양 또는 달걀 모양의 타원형인 것을 전주산초, 잎이 좁고 작은 것을 좀산초라고 한다.

2) 채취시기 및 사용부위

　　10~11월쯤 열매는 익기 전에 따서 식용으로 하고 다 익은 종자에서 기름을 짠다.

　8~9월에 꽃이 필 때 꽃을 채취하여 산야초 효소에 넣으면 맛과 향이 좋으며 4~5월경 새순이 돋아날 때 새순을 채취하여 그늘에서 말려 차를 끓여 먹거나 산야초 효소에 넣으면 좋다. 한방에서는 껍질을 쓴다. 가정에서는 열매와 껍질을 통째로 사용해도 무방하다.

3) 효능 및 사용법

　　한방에서는 열매 껍질을 야초(野椒)라는 약재로 쓰는데, 복부냉증을 제거하고 구토와 설사를 그치게 하며, 회충, 간디스토마, 치통, 지루성피부염에 효과가 있다.

　열매는 방향성 건위약으로 주로 쓰이며, 허리와 무릎 시린 데, 갖가지 위장장애, 구토, 복통, 기침, 살충, 회충구제 등에도 쓰인다.

　여름철에 잎이 붙은 연한 가지를 채취해서 건조시켜 가루로 빻아 계란 흰자와 약간의 밀가루를 섞어 화장품의 크림처럼 만들어 동상, 타박상, 요통, 근육통, 유방의 종기 등에 바르면 효과가 있다. 이 경우 환부에 두껍게 바르고 헝겊을 덮은 다음 굳어지면 다시 새로운 것으로 붙이는 일을 되풀이해야 한다. 허리와 무릎 시린 데, 위장장애, 복통, 기침에 효험이 있으며, 하루 용량은 3~5g이다.

 주의사항

열매가 좋다 하여 집중적으로 다량 섭취하면 실명, 건망증, 혈맥 손상이 생길 수 있다.

607

산목련

- **생약명** : 신이화(辛夷化)   • **채취부위** : 전체   • **개화기** : 5~6월
- **약성** : 성질은 따뜻하고 맛은 맵다.
- **효능** : 비염, 축농증, 진통, 소종

1) 식물의 생태

      산목련을 흔히 함박꽃나무라고 부르며, 북한의 국화이다. 산목련은 전국의 산골짜기 숲 속에서 자라는 작은키나무로, 높이는 7~10m쯤 되고 굵기는 발목 굵기 정도이다. 나무의 껍질은 회색이고 잎은 어린아이 손바닥만큼 널찍하고 감나무 잎처럼 생겼으며 가장자리에 톱니가 없다. 꽃은 주먹만큼 큼직하며 늦봄에서 초여름에 새 가지 끝에서 땅을 향하여 핀다. 열매는 9~10월에 익는데 그 생김새가 매우 특이하다. 목련 꽃봉오리를 신이(辛夷)라고 하여 약으로 쓴다. 신이라는 이름은 약간 매운맛이 난다고 하여 붙인 이름이다.

2) 채취시기 및 사용부위

　　　　　　씨, 뿌리, 나무껍질, 잎 등을 모두 약으로 쓴다. 꽃을 쓸 때는 꽃이 완전히 핀 것은 효과가 적고 시들어 떨어진 것도 효과가 적으므로, 꽃이 피기 전 맺힌 것을 따서 불로 말려서 쓴다. 뿌리나 나무 껍질은 잎이 지고 난 다음 가을부터 봄까지 채취하여 깨끗이 씻은 다음 햇볕에 말려 약으로 쓰고 씨는 다 익은 다음 채취하여, 완전히 건조하여 약재로 사용한다.

3) 효능 및 사용법

　　　　　　콧병에는 신이가 최고의 약으로 알려져 있다. 풍사를 통하게 하고 막힌 것을 뚫어 주는 효능이 있으며 폐와 위에 주로 들어간다. 두통, 축농증, 코가 막히는 것, 치통을 낫게 한다. 오장의 한열(寒熱)과 풍사(風邪)를 없애고 머리를 맑게 하며 얼굴에 난 기미, 주근깨를 치료한다.

중초를 따뜻하게 하고, 근육을 풀어 주며, 구규(九竅)를 뚫어 주며, 코가 막힌 것을 통하게 하며, 콧물이 나오게 한다. 얼굴이 부으면서 생긴 치통, 차나 배를 탄 것처럼 어지럽고 현기증이 나는 증상을 치료한다. 수염과 머리카락을 나게 하며 촌충을 죽여 없앤다.

크림으로 만들어 얼굴에 바르면 기미나 주근깨, 여드름이 없어지고 얼굴이 매끄럽게 되어 빛이 난다. 또한 눈을 밝게 하고 추위로 몸이 오싹오싹하는 증상을 낫게 하며, 종기로 인해 열이 나고 가려운 증상을 없앤다.

축농증, 코막힘, 콧물, 콧속의 염증 등 모든 종류의 콧병에는 목련꽃을 말린 가루에 사향을 약간 넣고 파 뿌리를 말려 가루 낸 것을 약간 묻혀서 콧속에 자주 넣으면 잘 낫는다. 목에 생선 가시가 걸렸을 때 목련꽃 봉오리를 물로 달여서 마시면 곧 내려간다.

608

삼지구엽초

- **생약명** : 음양곽(淫羊藿) • **채취부위** : 전체 • **개화기** : 5~6월
- **약성** : 성질은 따뜻하고 맛은 맵다.
- **효능** : 강장, 강정, 최음, 신경쇠약

1) 식물의 생태

　　산지의 나무 그늘에서 자라는 매자나무과의 여러해살이풀이다.
뿌리줄기는 옆으로 뻗고 잔뿌리가 많이 달린다. 줄기는 뭉쳐나고 높이가 30cm
정도이며 가늘고 털이 없으며, 밑 부분은 비늘 모양의 잎으로 둘러싸인다. 줄기 윗
부분은 3개의 가지가 갈라지고 가지 끝마다 3개의 잎이 달리므로 삼지구엽초라고
한다. 꽃은 황백색 또는 연보라색이며 5월에 피고 열매는 골돌로서 길이가 1cm 정
도이고 양 끝이 뾰족한 원기둥 모양이다.

2) 채취시기 및 사용부위

봄에 어린잎과 꽃을 따서 나물로 해 먹는데 가볍게 데쳐 찬물에 헹구어 먹는다. 5~6월 꽃이 필 무렵부터 가을까지 지상부를 채취하여 깨끗이 씻은 다음 그늘에서 말려 약으로 쓰는데 뿌리를 함께 채취해도 된다.

3) 효능 및 사용법

한방에서는 식물체 전체를 음양곽(陰羊藿)이라는 약재로 쓰는데, 최음, 강장, 강정, 거풍 효과가 있다. 민간에서는 음위(陰痿), 신경쇠약, 건망증, 히스테리, 발기력 부족 등에 사용한다. 또한 술을 담가서 마셔도 같은 효과를 얻을 수 있다.

삼지구엽초는 옛날부터 강장·강정약으로 귀하게 써 왔으며 성 호르몬 장애에 의한 조루증, 발기력 부족 및 성교 불능증에 탁월한 효험이 있는 것으로 유명한 식물이다. 또한 여성의 월경장애, 불임증, 불감증에도 뛰어난 약효가 나타난다고 한다.

하루 5~10g을 달여 복용한다. 장기적으로 복용할 경우에 어느 정도 안전한 방법은 말린 잎을 빻은 가루를 꿀을 넣어 구슬처럼 빚어 환약으로 먹는 것이 좋다. 달임약이나 약술로 복용할 경우 감초나 대추, 생강을 적절히 첨가하면 쓴 기운이 사라지고 풍미가 생겨나 먹기가 좋다.

 주의사항

지나치게 복용하면 어지러움, 코피, 구토증의 부작용이 생길 수 있다.

609

삿갓나물

- **생약명** : 조휴(蚤休)   • **채취부위** : 뿌리   • **개화기** : 6~7월
- **약성** : 성질은 차고 맛은 쓰다.
- **효능** : 항암작용, 해독, 소종, 신경쇠약

1) 식물의 생태

조휴, 칠엽일지화라고도 한다. 삿갓나물은 산지의 숲속에서 자라는 백합과의 여러해살이풀이다.

뿌리는 옆으로 길게 뻗고 끝에서 원줄기가 길게 나와 20~40cm 정도 자라며 끝에서 6~8개의 잎이 돌려난다. 꽃은 6~7월에 피고 잎 가운데서 1개의 꽃대가 올라와 녹색 꽃이 위를 향해 핀다.

2) 채취시기 및 사용부위

어린순은 나물로 먹는데, 살짝 데쳐서 맑은 물에 약간 우려낸 다음에 무쳐 먹는다. 잎과 줄기는 여름에 채취하여 그늘에서 말려 약재로 쓰며, 뿌리줄기는 가을에 씨가 다 익고 난 다음부터 내년 봄까지 채취하여 깨끗이 씻은 다음 고열이나 햇볕에 완전히 말려 약재로 쓴다.

3) 효능 및 사용법

한방에서는 뿌리줄기를 조휴(蚤休)라는 약재로 쓰는데, 천식·종기·만성 기관지염에 효과가 있고, 외상 출혈과 어혈성 통증에 사용한다. 종기, 부스럼, 벌레 물린 데, 상처 입은 데는 잎을 짓찧어 붙이면 효과가 있다. 잎, 줄기, 뿌리는 건위약과 강장약으로 쓰이며 신경쇠약, 불면증, 현기증, 기관지염, 인후염, 편도선염, 팔다리 통증 등을 진정시키는 작용이 있으며, 유행성 뇌막염과 천식의 치료약으로도 이용한다.

인삼뿌리처럼 생긴 뿌리를 조휴라 하여 암 치료약 또는 뱀에 물렸을 때 해독약으로 쓴다. 삿갓나물은 항암작용이 상당히 세다. 중국에서는 뇌종양, 비인암, 식도암, 피부 지방종양 등에 삿갓나물을 주재로 한 약을 써서 상당한 효과를 거두고 있다고 한다. 삿갓나물 속에 들어 있는 사포닌 성분이 갖가지 암과 전염성 병원균 및 각종 균을 죽이는 작용을 한다. 기관지염, 임파선결핵, 편도선염, 유행성뇌염, 인후염 등에 뿌리를 달여 먹는데 하루 3~6g을 넘지 않도록 조심스럽게 복용한다.

주의사항
독성이 강하므로 절대로 양을 초과해서는 안되며 임산부는 복용하지 말아야 한다.

610

생강나무

- **생약명** : 황매목(黃梅木)　• **채취부위** : 가지, 열매　• **개화기** : 3~4월
- **약성** : 성질은 따뜻하고 맛은 맵다.
- **효능** : 해열작용, 건위, 산후풍, 어혈

1) 식물의 생태

황매목, 삼첩풍, 생강나무, 생나무, 새앙나무, 개동백이라고 부르기도 한다. 생강나무는 녹나무과에 속하며 잎이 지는 작은키나무로서 높이는 3m 정도이며 수피는 검은 회색이다.

이른 봄철, 산에 가면 제일 먼저 봄을 알리는 노란 꽃이 피는데 꽃이 산수유와 닮았다. 꽃은 암수딴그루이고 3월에 잎보다 먼저 피며 노란색의 작은 꽃들이 여러 개 뭉쳐 꽃대 없이 산형꽃차례를 이루며 달린다.

열매는 9월에 검은색으로 익고, 잎이나 가지에서 생강 냄새가 나므로 생강나무라고 하며, 연한 잎은 먹을 수 있다.

2) 채취시기 및 사용부위

가지는 "황매피"라 하여 잎이 지고 난 가을부터 내년 봄 사이에 채취하여 잘게 썰어 말린 후 약재로 쓰고 열매는 다 익은 것을 채취하여 기름을 짜거나 약재로 쓴다.

이른 봄 노란 꽃이 피었을 때 채취하여 살짝 쪄서 말려 두었다가 차를 끓여 먹으면 그 향과 색, 맛이 일품이다. 어린잎은 나물로 먹고 말려 두었다가 차를 끓여 먹어도 된다.

3) 효능 및 사용법

한방에서는 나무껍질을 삼첩풍이라는 약재로 쓰는데, 타박상의 어혈과 산후에 몸이 붓고 팔다리가 아픈 증세에 효과가 있다.

씨앗으로 기름을 짜는데 이 기름은 동백기름이라 해서 사대부집 귀부인들이나 고관대작들을 상대하는 이름난 기생들이 즐겨 사용하는 최고급 머릿기름으로 인기가 높았다. 또 이 기름은 전기가 없던 시절 어둠을 밝히는 등불용 기름으로도 중요한 몫을 했다.

생강나무는 도가(道家)나 선가(仙家)에서 귀하게 쓰는 약재다. 도가의 신당이나 사당에 차를 올릴 때 이 나무의 잔가지를 달인 물을 사용한다. 생강나무의 어린잎이 참새 혓바닥만큼 자랐을 때 따서 말렸다가 차로 마시는데 이것을 "작설차"라고도 부르며 차나무가 귀했던 북쪽지방의 사람들은 이 생강나무차를 즐겨 마셨다.

611

소루쟁이

- **생약명** : 양재근(羊蹄根) ● **채취부위** : 뿌리 ● **개화기** : 6~7월
- **약성** : 성질은 차고 맛은 맵다.
- **효능** : 이뇨, 해독, 건위, 살균

1) 식물의 생태

　　소루쟁이는 마디풀과의 여러해살이풀이며 들이나 길가의 습지 근처에서 잘 자란다. 키는 30~70cm 정도이고 줄기는 곧고 녹색바탕에 자줏빛이 돌며 세로줄이 많이 나 있다.

　　뿌리는 황색이며 나무같이 굳어 깊이 들어가고, 잎은 가장자리가 물결 모양이고 피침형이나 긴 타원형이다. 꽃은 6~7월에 피고 연한 녹색이며 층층으로 달리지만 전체가 원뿔형으로 된다. 열매는 수과로서 8~9월에 결실을 맺고 세모지다.

2) 채취시기 및 사용부위

주로 뿌리를 약용으로 쓰는데 가을부터 이른 봄 사이에 굴취하여 깨끗이 씻은 다음 말렸다가 잘게 썰어 사용한다. 초여름에 연한 잎을 채취하여 식용하지만 성숙한 잎은 먹으면 강한 설사를 하게 되므로 먹지 않는다.

3) 효능 및 사용법

잎은 식용하고 뿌리는 건위제로 쓴다. 땅속 깊이 박고 있는 굵은 뿌리줄기가 주로 약용이 된다. 달여 마시면 변비에 효과가 있는데, 하루 10g을 달여 세 번에 나누어 먹는다.

민간요법에서 소루쟁이의 약효가 다양하게 전해져 있는 탓으로 일부에서는 뿌리줄기를 소주에 담가 마셔 효력을 보는 일이 있다. 잎의 약효에 대해서는 별로 알려진 바가 없지만 인체의 활성화에 필요한 풍부한 비타민의 공급원이 된다는 점에서 대단히 유익한 식물이다. 유럽의 농촌에서는 비타민 C의 결핍으로 발생하는 괴혈병을 피하기 위하여 소루쟁이의 싱싱한 잎을 소재로 삼는다고 한다.

주의사항

소루쟁이 잎에는 수산 성분을 함유하고 있어서 담석증이 생기는 수가 있다. 약간의 독성이 있으므로 많은 양의 사용을 금하며 너무 질게 많은 양을 복용하면 설사를 일으키므로 주의해야 한다.

612

속단

- **생약명** : 속단(續斷)　　· **채취부위** : 뿌리　　· **개화기** : 6~7월
- **약성** : 성질은 차고 맛은 맵다.
- **효능** : 이뇨, 해독, 건위, 살균

1) 식물의 생태

　　부러진 뼈도 이어 주는 속단이다. 꿀풀과의 여러해살이풀이며 반 그늘의 비옥한 토지의 산지에서 잘자란다. 키는 약 1m 정도이고, 잎의 뒷면에 잔털이 있으며 가장자리에 둔한 불규칙한 톱니가 있으며 달걀 모양이고 마주 난다. 꽃은 7월에 피고 붉은빛이 돌며, 열매는 수과로 넓은 달걀 모양이며 9~10월경에 익는다.

2) 채취시기 및 사용부위

어린순을 나물로 하고 뿌리는 가을에 캐서 깨끗이 씻어 그늘에 말려 약으로 쓴다. 또한 이른 봄 새싹이나 잎이 무성한 여름철에 전초를 채취하여 효소를 담가 먹어도 된다.

3) 효능 및 사용법

금창(金瘡)과 부인병에 사용한다. 끊어진 뼈를 잇는다 하여 속단이라고 부른다. 속단은 허리 아픈 데, 관절염, 타박상, 갈비뼈 부러진 데, 갖가지 염증, 골절 치료약으로 쓴다.

경맥을 잘 통하게 하고 힘줄과 뼈를 이어 주며 기를 도와주고 혈맥을 고르게 하며 해산 후의 모든 병에 쓴다. 아픈 것을 잘 멎게 하고 태아를 안정시킨다. 신허로 인한 허리 아픔, 허리와 다리에 힘이 없을 때, 자궁출혈, 마비, 태동불안, 타박상, 골절상처 등에 쓴다.

중국에서는 채꽃과에 딸린 산토끼 꽃을 속단이라 부르기도 한다. 산토끼풀은 우리나라의 강원도나 경상북도의 낮은 산에 자라는데, 갈비뼈가 부러졌을 때나 타박상 치료에 달여서 쓴다. 하루 사용량은 건재 5~10g을 물 1L에 달여서 1일 3회 식후에 복용한다.

613

쇠고비

- **생약명** : 관중(貫衆)　　• **채취부위** : 뿌리　　• **번식** : 포자
- **약성** : 성질은 차고 맛은 쓰다.
- **효능** : 건위, 해열, 이뇨, 살충

1) 식물의 생태

　　양치식물 고사리목 고비과의 여러해살이풀이며, 땅속줄기는 짧고 굵으며 덩이 모양이고 많은 잎이 뭉쳐난다. 높이는 60~100cm이며, 잎은 영양엽과 포자엽으로 구별되고 어릴 때는 붉은빛이 도는 갈색의 솜털이 빽빽이 있으나 점차 없어진다.

　　잎 조각은 20~30쌍이고 줄 모양의 바소꼴이며 잎자루가 없고 끝이 뾰족하며 양면에 곱슬털 같은 비늘조각이 있다. 포자낭군은 잎몸 윗부분 잎조각의 중앙맥 가까이 2줄로 달리고, 포막은 둥근 신장 모양이며 가장자리가 밋밋하고, 다 익으면 불규칙하게 갈라진다.

2) 채취시기 및 사용부위

어린잎은 식용한다. 봄과 여름에 뿌리 줄기를 캐서 깨끗이 씻은 다음에 햇볕에 말려 약으로 쓰고 줄기와 잎은 여름철에 채취하여 바람이 잘 통하는 그늘에서 말려 약재로 쓴다.

3) 효능 및 사용법

한방에서는 뿌리줄기를 약재로 쓰는데 감기로 인한 발열과 피부 발진에 효과가 있고, 기생충을 제거하며, 지혈 효과가 있다.

민간에서는 봄과 여름에 캐어서 말려 줄기와 잎은 인후통에 사용하고, 뿌리는 이뇨제로 사용하며, 지혈작용이 뛰어나 코피, 혈변, 토혈, 외상, 출혈, 월경 과다를 멈추는 데 효과를 본다. 말린 뿌리줄기를 달여 마시면 촌충을 없애며 습진·종기에는 달인 물에 발을 담가 씻는다. 우려낸 물을 수시로 마시면 유행성 감기 예방에 매우 좋다. 또 뼈를 튼튼히 하고 간과 콩팥을 강하게 하며 대장과 소장을 청결하게 한다. 하루에 달임약으로 10~15g을 복용한다.

🐞 **주의사항**

국소자극작용, 중추신경계통과 심장 기타 내장장기에 대한 독작용을 주의해야 한다. 유독하므로 위장을 자극하며 심한 경우에는 구토, 설사, 시력장애 등을 일으키고, 결국 실명에 이른다. 임산부, 허약환자, 소아, 실질장기의 질병환자, 소화기 궤양환자는 모두 사용을 금한다.

614

쇠뜨기

- **생약명** : 문형(問荊)　• **채취부위** : 지상부　• **개화기** : 3~4월
- **약성** : 성질은 차고 맛은 쓰다.
- **효능** : 해열, 이뇨, 지혈, 진해

1) 식물의 생태

　　쇠뜨기는 양치류로 속새과의 여러해살이풀로서 필두엽(筆頭葉)이라고도 한다. 이른 봄에 자라는 것은 생식줄기[生殖莖]인데, 그 끝에 포자낭수(胞子囊穗)가 달린다. 가지가 없고 마디에 비늘 같은 연한 갈색 잎이 돌려난다. 영양줄기는 생식줄기가 쓰러질 무렵에 자라는데, 곧게 서며 높이 30~40cm로 녹색이고 마디와 능선이 있으며, 마디에 비늘 같은 잎이 돌려나고 가지가 갈라진다.

　　쇠뜨기란 소가 뜯는다는 뜻으로, 역시 소가 잘 먹는다.

2) 채취시기 및 사용부위

　　　쇠뜨기는 지상부 생식줄기를 이른 봄에 채취하여 식용하며, 한방에선 영양줄기를 이른 봄에 뿌리까지 모두 채취하여 말려 약으로 쓴다.

3) 효능 및 사용법

　　　생식줄기는 식용하며, 영양줄기는 이뇨제로 쓴다.

쇠뜨기는 잘 건조시켜 보존하더라도 변질이 잘되는 식물이다. 1개월 이상 보존하노라면 된장 썩는 냄새를 풍기면서 쇠뜨기의 기본 성분이 달라져 역기능을 일으킬 수가 있다.

쇠뜨기는 동물실험에서 이뇨작용, 지혈작용, 항염증작용이 있었다는 기록이 있다. 따라서 몸이 붓는 환자와 오줌이 잘 나오지 않는 증세에 효험을 나타내곤 한다. 뿐만 아니라 장출혈, 각혈, 치핵출혈, 월경과다에도 쓴다.

민간요법에서는 동맥경화와 고혈압에 좋으며, 이외에도 많은 질병에 효험이 있다는 갖가지 사례가 전해지고 있다. 물 1L에 10~15g을 넣고 달여 하루 3회 식후에 먹는다.

식용방법은 쇠뜨기를 말려 가끔씩 차로 마신다. 어린잎은 데쳐서 나물로 무친다. 푸른 잎이 퍼지기 전의 붓뚜껑 같은 갈색 순을 따다가 기름에 볶거나, 데쳐서 식초나 참기름, 고추장으로 가볍게 조리하면 꽤 먹을 만하며 생 무침으로 식용하면 담백하다.

 주의사항

맘이 먹으면 설사를 심하게 하므로 과다 복용을 삼가야 한다.

615

쇠무릎

- **생약명** : 우슬(牛膝) **채취부위** : 전초 **개화기** : 8~9월
- **약성** : 성질은 평하고 맛은 시다.
- **효능** : 강장, 강정, 활혈, 이뇨

1) 식물의 생태

산현채, 접골초, 고장근, 대절채, 쇠물팍, 쇠무릎지기, 은실, 백배, 마청초라고도 한다. 비름과에 딸린 여러해살이풀이며, 다소 습기가 있는 곳에서 잘 자란다. 줄기는 네모지고 마디가 쇠무릎처럼 두드러지며 가지가 갈라진다. 가을 산에 가면 옷에 붙는 깨알같은 도둑놈으로 부른다.

꽃은 8~9월에 연한 녹색으로 피고, 잎은 쇠무릎처럼 부푼 마디마다 2개의 잎이 마주 자리하고 짧은 잎자루를 가진다. 어린순은 나물로 먹고, 뿌리로는 술을 담근다.

2) 채취시기 및 사용부위

봄철에 어린순을 채취하여 살짝 데친 뒤에 찬물에 우려낸 후 산나물로 먹고, 줄기와 잎이 마른 후에는 뿌리를 캐어 노두와 수염뿌리를 제거하고 깨끗이 손질한 후 햇볕에 말려 약으로 쓴다.

3) 효능 및 사용법

한방에서 뿌리를 이뇨, 강정, 통경에 쓰며, 민간요법에서는 임질과 두통약으로 쓴다. 쇠무릎을 캐어 보면 밑둥에서 가는 국수 굵기 모양으로 살진 뿌리 10여 개가 사방으로 갈라져 뻗어 자라는데, 인삼과 비슷한 냄새를 풍기는 것이 특이하다. 이 뿌리는 민간약초로 많이 쓰여 왔고 보약 처방에도 곧잘 사용되고 있다.

방광염, 혈뇨, 산후복통, 뼈마디를 부드럽게 하는 등 각종 질환에 두루두루 쓰인다. 특히 관절에 좋지만 남성의 발기부전, 정력증진에 효과가 대단하여 먹어 본 사람마다 찬사가 이어지는데, 뿌리를 2~3분 삶았다가 건조시켜서 가루로 빻아 상음하면 동맥경화증에 좋다. 당뇨병이 심하여 허약해진 몸에도 이롭다고 한다. 실상 병 증세가 없더라도 보정약으로 삼아서 차로 자주 우려 마시면 몸속이 푸근해진다.

하루에 10~15g을 달임약, 약술로 먹는다.

🐞 **주의사항**

유의할 사항은 임산부에게는 약재로 쓰면 태아를 떨어뜨리는 성질이 있으므로 쓰지 말아야 한다.

616

쇠비름

- **생약명** : 마치현(馬齒莧)　• **채취부위** : 전초　• **개화기** : 6~10월
- **약성** : 성질은 차고 맛은 시다.
- **효능** : 지혈, 살균, 항암, 양혈, 해독, 이뇨

1) 식물의 생태

　　　　쇠비름과의 한해살이풀로서 길옆이나 밭에 흔한 잡초이다. 높이는 30cm 이내이고, 줄기와 잎이 다육질로 잎은 긴 타원꼴이고 줄기는 붉다. 꽃은 6월에서 가을까지 노랗게 피며, 열매는 꽃이 지고 난 뒤에 까맣게 익는다.

　　쇠비름을 오행초라고도 부르는데 이는 다섯 가지 색깔, 즉 음양오행설에서 말하는 다섯 가지 기운을 다 갖추었기 때문이다. 이처럼 쇠비름은 다섯 가지 빛깔을 다 지니고 있다. 잎은 푸르고 줄기는 붉으며, 꽃은 노랗고, 뿌리는 희고, 씨앗은 까

많다. 예로부터 쇠비름을 "장명채(長命菜)"라고 하여 오래 먹으면 장수한다고 하였고, 또 늙어도 머리칼이 희어지지 않는다고 하였다.

2) 채취시기 및 사용부위

이른 봄에 어린순을 채취하여 소금물로 데쳐 낸 후 나물로 먹고, 여름에 전초를 채취하여 살짝 찐 후 햇볕에 말려 약으로 쓴다.

3) 효능 및 사용법

"리그닌", "모리브덴" 등 항암 성분이 풍부하고 발암물질을 분리하는 특수효과가 들어 있으며 그 밖에 각종 난치병을 고쳐 주는 신비의 성분이 많이 함유되어 있다. 너무나 흔하지만 뛰어난 효험을 내는 좋은 항암제이다.

심경, 대장경에 작용한다. 열을 내리고, 독을 풀며, 어혈을 없애고, 벌레를 죽이며, 오줌을 잘 누게 한다. 약리실험에서 강심작용, 혈압을 높이는 작용, 억균작용, 자궁을 수축시키는 작용, 피를 멎게 하는 작용 등이 밝혀졌다. 대장염의 예방 치료에 주로 쓴다. 악창과 종기를 낫게 하며 만성장염에도 좋은 효능이 있다. 나물로 늘먹으면 무병장수한다. 갖가지 악창과 종기를 치료하는 데 놀랄 만큼 효험이 있고솥에 넣고 오래 달여 고약처럼 만들어 옴, 습진, 종기 등에 바르면 신기할 만큼 잘낫는다. 오래된 흉터에 바르면 흉터가 차츰 없어진다. 피부를 깨끗하게 하는 효과도 있다. 몸속의 독소를 제거하고 대·소변을 원활하게 한다.

617

쉽싸리

- **생약명** : 택란(澤蘭) **채취부위** : 전초 **개화기** : 7~8월
- **약성** : 성질은 따뜻하고 맛은 쓰고 맵다.
- **효능** : 활혈, 이수, 소종, 해독

1) 식물의 생태

　　　　지삼, 택란, 지순, 개조박이, 지과인묘, 쉽사리라고도 하며 습지에서 잘 자라는 꿀풀과의 여러해살이풀이다. 높이는 1m 내외이고, 줄기는 사각형이다. 땅속줄기가 흰색으로 굵고 옆으로 뻗으면서 그 끝에 새순이 나온다. 잎은 마주 나고 옆으로 퍼지며 가장자리에 톱니가 있다. 꽃은 7~8월에 피고 흰색이며 잎겨드랑이에 모여 달리고, 열매는 9~10월에 익는다.

2) 채취시기 및 사용부위

봄철 어린순을 채취하여 나물로 먹고, 꽃이 피고 잎이 무성한 7~8월에 전초를 채취하여 그늘에 말린 후 잘게 썰어 사용한다.

3) 효능 및 사용법

주로 통경약으로 쓰이며 월경통, 월경불순, 당뇨병으로 인해 몸이 붓고, 산후의 복통과 함께 몸이 붓는 증세, 류머티즘, 요통, 황달, 산전산후에 생기는 불편한 증세들을 가라앉혀 준다. 월경을 잘 통하게 하며 혈액순환을 활발하게 하는 동시에 피가 맺히는 어혈을 풀어 준다. 그리고 상처, 타박상, 부스럼, 종기 등의 피부질환에 잎의 생즙을 내어 붙이고 잎줄기를 달인 물로 씻어 준다. 민간에서는 염증약으로 썼고 뾰루지, 산전산후의 통증, 지혈, 심장활동을 좋게 하는 데 약으로 써 왔다. 치료를 위해서는 주로 달임약을 복용하며, 말린 잎줄기를 빻아 가루약이나 꿀로 이긴 환약을 쓰기도 한다. 물 1L에 건재 10~15g을 달여 1일 3회 식후에 복용한다.

618

시호

- **생약명** : 시호(柴胡)　　• **채취부위** : 뿌리　　• **개화기** : 8∼9월
- **약성** : 성질은 차고 맛은 쓰다.
- **효능** : 진통, 소염, 청간, 해독

1) 식물의 생태

　　　　시호는 산형과의 여러해살이풀로서 전국의 산이나 풀밭에서 드물게
자라며, 주로 재배를 많이 한다. 줄기는 곧게 서고 가늘고 길며 털은 없으며, 키가
50∼80cm 정도이고 상부에서 가지를 많이 친다. 줄꼴 또는 넓은 줄꼴의 잎은 서
로 어긋나게 자리하고 있으며 밑동의 줄기를 감싼다. 꽃 한 송이의 크기는 2mm
안팎이며 색깔은 노랗고 꽃이 지고 난 뒤에는 3mm쯤 되는 납작한 타원꼴의 씨를

맺는다.

2) 채취시기 및 사용부위

이른 봄이나 늦가을에 굵게 살진 뿌리줄기를 캐어 잔뿌리를 다듬은 다음 물에 씻은 후 잘게 썰어 햇볕에 말려 약재로 쓴다.

3) 효능 및 사용법

약리실험에서 해열, 땀내기, 간보호, 균을 억제하는 작용이 있는 것으로 밝혀졌다. 많은 질병들은 높든 낮든 열을 동반하기 마련인데, 특히 고열인 경우 이 시호는 열을 내려주는 확실한 효과가 있다. 전초는 담즙을 잘 나오게 하는 이담 작용이 있고 해독기능을 높여 주는 구실을 한다. 뿌리에 복숭아씨를 섞어서 달이면 염증약으로 효능·효험이 좋다.

일본에서는 간 비대증에 쓰이고 있으며 콜레스테롤을 낮추고 가래를 삭이는 효과가 있다. 그리고 말라리아의 간헐적인 열, 늑막염, 춥다가 덥다가 하며 가슴과 배가 아플 때, 담낭염, 감기, 두통, 월경장애, 자궁하수, 식욕부진, 위염 등에도 약용하는 등 쓰이는 범위가 넓다. 일반적으로 하루의 용량은 10~15g 정도이다.

619

쑥

- **생약명** : 애엽(艾葉) · **채취부위** : 전초 · **개화기** : 7~9월
- **약성** : 성질은 따뜻하고 맛은 쓰다.
- **효능** : 청혈, 강장, 진통, 해독

1) 식물의 생태

　　쑥은 국화과에 속하는 여러해살이풀로서 약 40여 종이 있으며, 이 중 특히 뜸에 사용하는 종을 참쑥이라고 하여 구별한다. 쑥 종류는 거의 비슷하기 때문에 구별하기 어려우나 두화(頭花)의 크기와 잎의 모양 등으로 구분하며, 참쑥은 쑥과 비슷하지만 잎 겉면에 흰 털이 난 점이 있어 구별한다. 꽃은 7~9월에 연한 붉은 자줏빛으로 피는데, 열매는 10월에 익는다.

2) 채취시기 및 사용부위

쑥은 약용과 식용의 대표적인 식물이며 약재로 쓰는 것은 예로부터 5월 단오에 채취하여 말린 것이 가장 효과가 크다고 한다.

이른 봄 올라오는 새싹은 봄을 알리는 대표적인 나물이며 향과 맛이 일품이고 꽃이 피기 전의 전초를 채취하여 녹즙을 만들어 먹는다.

3) 효능 및 사용법

복통, 토사(吐瀉), 지혈제로 쓰고, 냉(冷)으로 인한 생리불순이나 자궁출혈 등에 사용한다. 쑥은 민간요법에서 가장 많이 쓰이고 또 오래전부터 써 온 유명한 약재이다. 쑥은 백병을 누르고 모든 악기를 다스리며 수십 가지의 질병에 효험이 있는 것으로 알려져 있다. 쑥이 쓰이는 질병을 나열해 보면 지혈, 진통, 복통, 혈변, 자궁출혈, 월경과다, 강장보혈, 뜸약, 경련, 마비, 기관지염, 해열, 문둥병, 임질, 매독, 치통, 류머티즘, 통풍, 진경, 기침, 감기, 폐결핵, 폐렴, 이뇨, 소화불량, 만성간염 등이며, 뿌리는 월경불순, 임신중독, 설사 등이다.

건조시킨 성숙한 쑥잎을 진하게 끓여서 욕탕에 붓고 목욕을 수시로 하면 몸이 훈훈하며 감기, 요통, 타박상, 신경통, 부인병, 피부미용에 효과적이다. 독충에 물린 데, 습진, 상처 등에는 잎을 짓찧어 바르곤 한다. 봄에 어린순을 다량으로 채취하여 생즙을 내어 마시면 고혈압, 신경통에 좋다. 특히 이른 봄에 쑥 새순과 쑥 뿌리를 채취, 잘게 썰어 효소를 담가 두었다가 배탈이나 설사에 먹으면 특효약이다.

필자는 몸에 가장 좋은 식물을 꼽으라면 쑥, 칡, 소나무를 대표적인 약초로 꼽는다.

주의사항

쑥을 너무 다량으로 섭취하면 구역질이 나는 수가 있으므로 한꺼번에 많은 양의 복용은 삼가야 한다.

620

삽주

- **생약명** : 백출(白朮), 창출(創朮)
- **채취부위** : 뿌리
- **개화기** : 7~9월
- **약성** : 성질은 차고 맛은 달다.
- **효능** : 건위, 이뇨, 진통, 조혈작용

1) 식물의 생태

　　삽주는 국화과의 여러해살이풀이다. 줄기는 곧게 서고, 키는 30~80cm 정도이며, 어릴 때는 잎 전체에 흰 솜털이 있으며 잎이 거칠어 보이고 잎은 어긋나게 달리며 가장자리에 톱니가 있다. 꽃은 암수딴그루이고 흰색과 붉은 색이 있으며 7~10월경에 피며, 열매는 겨울에 익고, 뿌리는 굵고 마디가 있으며 상부엔 묵은뿌리(창출), 아랫쪽엔 새 뿌리(백출)가 달린다. 삽주에는 방향성 정유가 함유되어 있어 약 내음이 많이 난다.

2) 채취시기 및 사용부위

　　　　　한방에서는 뿌리줄기를 창출, 백출이라는 약재로 쓰는데, 잎이 지고 난 가을부터 봄 사이에 채취하여 잔뿌리를 제거한 후 깨끗이 씻어 햇볕이나 고열에 말려 약재로 쓴다. 어린순은 나물로 먹는다.

3) 효능 및 사용법

　　　　　발한, 이뇨, 진통, 건위 등에 효능이 있어 식욕부진, 소화불량·위장염, 감기 등에 사용하며 한방에선 장수식품으로 분류한다.

　　동일한 식물의 뿌리줄기이지만 창출과 백출의 약효는 다르게 나타난다.

　　이뇨작용, 조혈자극작용, 건위작용, 진정작용, 위장병, 소화장애, 콩팥기능장애, 야맹증, 설사, 감기, 뼈마디 아픔, 몸이 붓는 데에 치료 효과를 낸다. 오줌이 적게 나오고 어지러우며, 장마철이면 온몸이 붓고 쑤시는 데에도 효능·효험이 있다. 민간에서는 당뇨병, 기침, 감기, 류머티즘, 간질병, 악성종양에 약으로 써 왔으며, 연하게 달여 오래 먹으면 장수한다는 말이 전해지고 있다. 또 쑥과 함께 뿌리를 태운 연기를 옷장이나 쌀 창고에 쏘이면 장마철에 곰팡이가 끼지 않으며 잡 냄새를 제거하는 데도 효과적이다.

　　말린 뿌리로 술을 담그면 쓴맛이 부드러워진 갈색 술이 되는데 술맛이 좋고, 또

한 백출을 말려 가루 내어 하수오 가루와 함께 꿀에 섞어 먹으면 입맛을 돋우고 위장질환과 고운 피부를 유지하는 데 효과가 좋다.

　　조혈작용이 뛰어나 빈혈에 특효가 있으며 당뇨병, 폐결핵, 온몸이 붓고 쑤실 때, 소화장애, 야맹증, 두발보호에 좋다.

621

싸리나무

- **생약명** : 호지자(胡地子)　**채취부위** : 전초　**개화기** : 7~8월
- **약성** : 성질은 평하고 맛은 달다.
- **효능** : 이뇨, 진통, 살균, 해열

1) 식물의 생태

　　호지자, 소형, 모형, 형조, 녹명화, 야합초, 과산룡, 야화생 등으로 부른다. 싸리나무는 콩과의 낙엽성 관목이다.

　　높이는 2~3m 정도이고, 줄기는 곧게 서고, 가지가 많이 갈라지고, 야산의 양지바른 곳에서 잘 자란다. 꽃은 7~8월에 붉은 자줏빛으로 피고 10월에 익는다.

　　싸리나무 종류는 매우 많은데 싸리, 참싸리, 물싸리, 조록싸리, 잡싸리, 괭이싸리, 꽃참싸리, 왕좀싸리, 좀싸리, 풀싸리, 해변싸리, 고양싸리, 지리산싸리, 진도

싸리 등 가짓수가 많지만 어느 것이나 다 같이 약으로 쓸 수 있다.

2) 채취시기 및 사용부위

여름과 가을에 잎과 줄기를 채취하여 신선한 것을 그대로 쓰거나 잘게 썰어 그늘에서 말려 두고 쓴다. 가을에 완전히 익은 씨를 채취하여 말려 약으로 쓰고 또 뿌리를 쓸 때는 가을부터 봄까지 채취하여 잘게 썰어 햇볕이나 고온에 말려 약으로 쓴다.

3) 효능 및 사용법

싸리나무는 달여 보리차처럼 음용수로 쓸 수 있는 마시는 건강음료 자원이다. 요즘 옥수수 수염차가 대단한 상품이 됐는데 그것도 예전에는 부종이 있는 사람들이 달여 마시던 민간약이었다.

싸리나무 씨를 오래 먹으면 몸이 가벼워지고 기운이 나며 몹시 힘든 일을 해도 피곤한 줄을 모르게 된다.

싸리나무 씨와 뿌리껍질을 늘 먹으면 뼈가 무쇠처럼 튼튼해져 골다공증이나 관절염에 잘 걸리지 않고 높은 곳에서 떨어지거나 심하게 부딪혀도 여간해서는 뼈를 다치지 않는다고 하여 산속에서 무술이나 차력을 하는 사람들은 이 싸리나무를 많이 애용했다.

잎과 줄기는 머리가 어지러운 데, 두통, 폐열로 인한 기침, 심장병, 백일해, 코피가 나는 데, 갖가지 성병을 치료하는 데 사용한다. 하루 15~30g을 물로 달여서 먹는다. 신선한 것은 50~100g을 물로 달여서 먹으면 된다.

뿌리는 풍습으로 인한 마비, 타박상, 여성의 대하, 종기, 류머티즘성 관절염, 요통, 타박상 등에 효험이 있으며 통증을 멎게 하는 작용이 있고 땀을 잘 나게 하며 염증을 없애고 요산을 몸 밖으로 내보내는 작용을 한다.

622

순비기나무

- **생약명** : 만형자(蔓荊子)   • **채취부위** : 열매   • **개화기** : 7~9월
- **약성** : 성질은 차고 맛은 맵고 쓰다.
- **효능** : 해열, 지통, 진정, 소염

1) 식물의 생태

　　　쌍떡잎식물 통화식물목 마편초과의 낙엽관목이며 단엽만형(單葉蔓荊), 만형자나무, 풍나무라고도 한다. 바닷가 모래땅에서 옆으로 자라면서 뿌리내린다. 전체에 회색빛을 띤 흰색의 잔털이 있고 가지는 네모진다. 잎 뒷면에는 잔털이 빽빽이 난다.

　　꽃은 7~9월에 피고 자줏빛 입술 모양 꽃이 원추꽃차례에 달린다. 꽃받침은 술잔처럼 생기고 털이 빽빽이 난다. 열매는 핵과로 딱딱하고 둥글며 9~10월에 검은 자주색으로 익는다.

2) 채취시기 및 사용부위

한방에서는 열매를 만형자(蔓荊子)라고 하며, 가을에 열매가 완전히 익은 것을 채취하여 말려 약재로 쓰고, 잎이나 줄기는 여름철 잎이 무성할 때 채취하여 햇볕에 말려 약으로 쓴다.

3) 효능 및 사용법

열매 말린 것을 두통, 안질, 귓병에 쓴다. 방광과 간과 대장에 작용하여 감기로 인한 두통, 어지럼증, 눈이 빨개지고 아픈 증상에 좋다. 습으로 인한 저림증과 근육이 떨리는 증상에도 사용하면 좋은 효과가 있다.

약리실험 결과, 진정시키고 통증을 멈추게 하는 작용이 있어 신경성 두통과 고혈압으로 인한 두통에 효과가 있고, 또한 체온중추를 진정시켜 열을 물러가게 하는 작용이 있다. 가을에 익은 열매를 따서 햇볕에 말린 후 술에 불려 찌거나 볶아서 하루 6~9g을 탕약, 알약, 가루약 형태로 복용한다.

한의에서 염증약, 해열거풍약, 진통약으로서 감기, 관절통, 두통, 어지러움, 눈과 귀의 병에 쓰며 만형자엽(蔓荊子葉)은 타박상을 치료하며 달여서 복용하면 신경성 두통을 치료한다.

623

사위질빵

- **생약명** : 여위(餘威) ・ **채취부위** : 줄기 ・ **개화기** : 7~8월
- **약성** : 성질은 따뜻하고 맛은 맵다.
- **효능** : 지통, 이뇨, 소종, 청혈

1) 식물의 생태

　　　미나리아재비과의 덩굴성 식물이며, 줄기는 길게 다른 나무를 감고 올라간다. 잎은 마주 나고 잎자루는 길며 끝이 뾰족하고 가장자리에 톱니가 있다. 꽃은 7~8월에 흰 꽃이 피어서 가을에 날개가 달린 열매가 익으며 어린잎과 순은 식용한다.

2) 채취시기 및 사용부위

줄기와 뿌리를 약으로 쓰며, 비슷한 식물인 으아리나 할미망을 대신 쓰기도 한다. 또 으아리를 위령선이라 하고 사위질빵을 여위(女萎)라고 부르기도 하는데 으아리보다는 사위질빵이 효과가 더 낫다. 으아리는 땅 윗 줄기가 겨울에 말라 죽고, 사위질빵은 줄기가 겨울에도 말라 죽지 않는다.

으아리는 가을에 뿌리를 캐서 약으로 쓰고, 사위질빵은 가을이나 겨울에 굵은 줄기를 잘라서 약으로 쓴다.

3) 효능 및 사용법

요통이나 관절염, 신경통, 견비통 등에 잘 든다.

사위질빵 한 가지만 써도 되고 두충이나 접골목 같은 약초와 같이 써도 좋다.

사위질빵은 신경통, 안면신경마비, 중풍, 편두통, 근육마비, 류머티즘성 관절염, 무릎이 시리고 아픈 데, 허리가 아픈 데, 통풍, 손발이 마비된 데, 목구멍에 가시가 걸린 데 두루 좋은 효험이 있다. 이뇨 작용도 뛰어나서 신장염으로 인한 부종에도 잘 든다.

그러나 아네모닌과 아네모놀이라는 독성 성분이 들어 있으므로 한꺼번에 너무 많은 양을 쓰면 안 된다. 생선뼈가 목에 걸려 넘어가지 않을 때도 쓰는데, 이때 일일 사용량 50~90g을 진하게 달여서 설탕 30g을 넣어 녹이고 소금을 약간 넣어 하루 4~6번 사흘 동안 먹는다. 2~3일 먹는 동안에 통증이 없어지고 생선 가시가 녹아서 없어진다. 사위질빵은 딱딱한 것을 물렁물렁하게 하는 작용이 있다.

701

용담

- **생약명** : 용담(龍膽)   **채취부위** : 뿌리   **개화기** : 8~10월
- **약성** : 성질은 차고 맛은 쓰다.
- **효능** : 항암효과, 해열, 이담, 소염

1) 식물의 생태

　　　　용담은 전국의 산지에서 잘 자라는 용담과의 여러해살이풀이며 용의 쓸개만큼 쓰다고 하여 용담이란 이름이 붙여졌다고 한다. 초룡담, 과남풀, 관음풀, 백근초, 담초, 고담 등의 여러 이름이 있다.

　　줄기는 곧게 자라고, 키는 50~70cm 정도이고, 뿌리는 약간 굵은 수염뿌리이다. 잎은 서로 마주 보고 나며 잎자루가 없고 피침형이다. 8~10월경에 종 모양을 한 진한 파란색 꽃이 피며, 열매는 11월에 여물고 삭과로서 좁고 길며 두 갈래로 벌어지고 씨는 날개가 있다.

　용담과 닮은 것으로 산용담, 수염용담, 축자용담, 칼잎용담, 비로용담 등 여러 가지가 있는데 다 같이 약으로 쓴다.

2) 채취시기 및 사용부위

　　　　주로 뿌리를 약으로 쓰나, 가을에 뿌리를 포함한 전초를 채취하여 깨끗이 씻은 후 햇볕에 말려 달여서 먹거나 날것을 생즙을 내어 먹는다.

3) 효능 및 사용법

　　　　혈압을 낮추고 간의 열을 내려주는 작용이 있으며, 항암 효과와 진통작용 류머티즘성 관절염에 효험이 있다. 열을 내리고 염증을 삭이는 작용이 상당히 세다. 특히 간에 열이 성할 때 열을 내리는 작용이 탁월하다.

　용담은 뿌리를 주로 쓰는데 뿌리의 쓴맛 물질은 겐티오피크린이라는 물질로 입안의 미각 신경을 자극하여 위액의 분비를 늘리는 작용을 한다. 특히 위와 장의 운동기능을 높이며 갖가지 소화액이 잘 나오도록 한다. 용담은 혈압을 낮추는 효과를 비롯하여 갖가지 염증, 암, 류머티즘성 관절염, 팔다리 마비 등에도 쓴다. 뿌리를 달인 물은 상당한 항암효과와 진통작용이 있다. 말린 것은 하루 10g 미만을 쓰고, 날것은 30g 미만을 쓴다. 만성적인 위산과다증이나 저 위산증일 때 하루 3~6g을 달여서 먹거나 가루 내어 먹으면 좋은 효과를 본다. 담낭암, 췌장암, 위암 등 갖가지 암에 용담만을 달여 먹거나 꿀풀, 삼백초, 어성초, 느릅나무 뿌리껍질 등과 함께 달여서 먹는다.

702

우산나물

- **생약명** : 토아산(兎兒傘) ● **채취부위** : 뿌리 ● **개화기** : 6~7월
- **약성** : 성질은 따뜻하고 맛은 맵고 쓰다.
- **효능** : 거풍, 해독, 제습, 활혈

1) 식물의 생태

　　　　쌍떡잎식물 초롱꽃목 국화과의 여러해살이풀이다. 높이는 50~100cm 정도이고 잎이 새로 나올 때 우산처럼 퍼지면서 나오므로 우산나물이라고 한다.

　줄기는 곧게 서고 가지를 치지 않으며, 잎의 뒷면은 흰빛이 돌고 불규칙한 톱니가 있다. 새싹은 흰 털로 덮여 있으며 자라면서 차츰 없어진다. 꽃은 6~9월에 연한 붉은색으로 피고, 열매는 10월에 익으며 어린싹은 나물로 먹는다.

2) 채취시기 및 사용부위

　　　4~5월경에 채취한 어린싹을 식용으로 한다.

　주로 뿌리를 가을에 채취하여 흙을 완전히 털어 내고 깨끗이 씻어 햇볕에 말린 후 약으로 쓰지만 전초를 채취하여 약으로 쓰기도 한다.

3) 효능 및 사용법

　　　　토아산은 거풍(祛風), 제습(除濕), 해독, 활혈(活血), 소종(消腫), 지통(止痛)의 효능이 있다. 풍습마비, 관절동통, 옹저창종, 타박상을 치료하며 거풍습 작용으로 인한 사지마비, 관절염, 요통, 타박상에 쓴다.

　관상가치가 높으며 얇은 분재화분에 심어 초물분재로 감상하면 좋고 다양한 장소의 지피식물은 물론 암석원 등에 재배해도 잘 어울린다. 관절염, 관절통에는 뿌리 1~2g을 1회분 기준으로 달여서 1주일 이상 복용한다. 발부르틈에는 뿌리를 달여서 그 물로 환부를 닦아 낸다. 사독(蛇毒), 옹종, 종독에는 뿌리 1~1.5g을 1회분 기준으로 달여서 3~4회 복용하면서 그 물로 환부를 자주 씻는다.

🐞 **주의사항**

삿갓나물은 독성이 있고 우산나물은 독이 없는데, 잎의 모양이 비슷하여 혼동하기 쉬우므로 주의를 요한다.

703

아까시나무

- **생약명** : 아까시나무 ・ **채취부위** : 꽃, 뿌리껍질 ・ **개화기** : 5~6월
- **약성** : 성질은 따뜻하고 맛은 달다.
- **효능** : 소염, 피부미용, 신방광염, 이뇨

1) 식물의 생태

　　　　　북아메리카 원산이며 관상용이나 사방조림용으로 심으며 약용으로 쓴다. 가시가 없고 꽃이 피지 않는 것을 민둥아까시나무, 꽃이 분홍색이며 가지에 바늘 같은 가시가 빽빽이 나는 것을 꽃아까시나무라고 한다.

　　꽃은 5~6월에 흰색으로 피고, 열매는 납작한 줄 모양이며 9월에 익는다.

　　아까시나무 숲에서는 산야초를 찾지 않는 것이 좋다. 뿌리에서 다른 식물들이 싫어하는 독한 액체를 배출하여 스스로의 생장을 도모하는데, 이 독소가 다른 식물의 발아와 생장을 방해하므로 아까시나무가 울창한 곳에선 잡풀들이 힘 있게 자라지 못한다.

2) 채취시기 및 사용부위

뿌리는 봄과 가을에 굴취하여 껍질만 벗긴 후 잘게 썰어 깨끗이 씻은 후 고열이나 햇볕에 건조시켜 약재로 쓴다. 꽃은 4~5월경 꽃이 완전히 피었을 때 채취하여 식용하거나 약용한다. 산야초 효소를 담글 땐 잎과 꽃 모두를 사용하고, 술을 담글 땐 덜 핀 꽃을 사용하는 것이 더 좋다.

3) 효능 및 사용법

잎과 꽃은 특히 이뇨 효과가 뛰어나며 콩팥에서 생기는 여러 질환을 완화시키는 효과가 있다. 잎은 엽록소가 아주 풍부하여 영양식으로도 가치가 있다고 본다. 아까시나무 잎은 언제나 식용할 수 있고 또 약효도 있다고 하면 생소하게 여겨질 것이다.

뿌리껍질도 약재로 쓴다. 이것은 이뇨, 수종, 변비에 효과가 있는데 다량으로 복용하면 구토와 설사를 일으키는 수가 있다.

아까시나무는 아무래도 꽃이 으뜸이다. 흰꽃이 이삭 모양으로 뭉쳐서 구름 떼처럼 피어난 광경은 장관이다. 한의학에서는 이 꽃을 중요한 약재로 삼는다. 꽃이 활짝 피었을 때나 꽃송이가 떨어진 것을 건조시켰다가 달여서 마시는데, 꽃은 신장염 치료에 크게 효험을 나타낸다. 또한 이뇨 작용이 탁월하며 몸이 부은 것을 가라앉힌다. 예부터 꽃은 민간약으로 두루 쓰여 왔는데 신장염, 방광염, 신석증을 비롯하여 기관지염에도 상용해 왔다.

아까시나무 꽃 술을 담가 화장수로 이용하면 피부가 고와지고 염증성 여드름 치료에 특효약이 된다.

704

오리나무

- **생약명** : 유리목(榆理木) • **채취부위** : 껍질 • **개화기** : 3~4월
- **약성** : 성질은 서늘하고 맛은 쓰고 떫다.
- **효능** : 간질환, 해독, 해열, 청혈

1) 식물의 생태

　　자작나무과의 낙엽교목이며 높이는 20m 정도이고 습지 근처에서 잘 자란다. 나무껍질은 갈색이며 잎은 어긋나고 바소꼴이며 양면에 광택이 있고 가장자리에 톱니가 있다.

　　꽃은 3~4월에 피고 단성이며 미상꽃차례에 달린다. 열매는 10월에 성숙되며 2~6개씩 달리고 긴 달걀 모양이며 솔방울같이 보인다. 뾰족잎오리나무는 잎 끝이 매우 뾰족하게 생기고, 털오리나무는 어린 가지와 잎 뒷면에 갈색 털이 밀생하며, 웅기오리나무는 어린 가지와 잎에 점질이 많고, 섬오리나무는 잎의 톱니가 날카롭다. 유리목, 적양, 자조 등 여러 이름이 있다.

2) 채취시기 및 사용부위

가을부터 이듬해 봄 사이에 뿌리를 굴취 껍질을 벗겨 깨끗이 씻어 고열이나 햇볕에 말린 후 약재로 쓰거나 술을 담가 복용하기도 한다.

3) 효능 및 사용법

오리나무 뿌리껍질은 지방간, 간경화증 등 온갖 간질환에 효과가 좋다. 동서고금의 어떤 의학책에도 오리나무가 간질환에 좋다고 기록되어 있지는 않지만, 민간에서는 수백 년 전부터 오리나무를 간에 쌓인 독을 푸는 데 활용해 왔다. 열을 내리고 독을 푸는 작용이 있다. 특히 술을 많이 마셔 간이 나빠진 데에는 오리나무 껍질을 달여서 먹으면 술독이 풀린다.

민간에는 오리나무로 술을 담그면 술이 물이 된다는 얘기가 전해 오는데 실제로 오리나무를 술에 오랫동안 담가 두면 술이 묽어진다. 술이 화기(화기)를 많이 품고 있는 반면에 오리나무는 화기를 진정시키는 효력이 있어서 술의 독성이 완화되는 것이다. 하루 30g쯤을 물 2되에 넣고 물이 반이 되도록 달여 그 물을 반 잔씩 수시로 마신다.

만성 간염이나 간경화증에는 하루 100~150g씩 좀 많은 양을 복용하는 것이 좋다. 오리나무만을 단방으로 써도 좋지만 조릿대 잎, 동맥(겨울을 지난 어린 보릿잎), 도토리 등을 더하여 쓰면 효과가 더욱 빠르다.

705

애기똥풀

- **생약명** : 백굴채(白屈菜) • **채취부위** : 전초 • **개화기** : 5~6월
- **약성** : 성질은 따뜻하고 맛은 쓰고 맵다.
- **효능** : 항암, 진통, 살균, 해열

1) 식물의 생태

　　마을 부근의 개울가나 숲 가장자리에서 잘 자라는 양귀비과의 두해살
이풀이며, 온몸에 길고 부드러운 털이 있고 자라면서 차츰 없어진다.

　　높이는 30~70cm 정도이고 원뿌리가 땅속 깊이 들어가며 뿌리의 색은 등황색이고
줄기와 잎에서 노란 즙이 나온다. 꽃은 5~6월에 노란색으로 피고, 열매가 익으면 긴 꼬
투리 속의 작은 씨는 땅에 떨어져 9~10월경에 새싹이 돋아나와 겨울을 나기도 한다.

2) 채취시기 및 사용부위

꽃이 피는 봄에 꽃과 잎을 채취하여 깨끗이 씻은 다음 그늘에서 말려 약으로 쓰거나 이른 봄이나 늦가을에 뿌리를 캐어 물에 깨끗이 씻은 다음 햇볕이나 고열에 완전히 말린 다음 약으로 쓴다.

3) 효능 및 사용법

한방에서는 전초(全草) 말린 것을 백굴채라 하며 진통, 진정제로 쓴다.

약리실험에서 잎과 뿌리의 우림액이나 즙액이 살균작용, 땀 내는 해열작용, 항암 활성작용을 하는 것이 밝혀졌다고 하는데, 경험의학이 제시하고 있는 약리작용을 그대로 입증해 주고 있다.

애기똥풀의 달임약은 간염, 담낭염, 위궤양, 위장통증, 소변불편, 황달, 기침·가래, 기관지염, 몸이 붓는 데 약용한다. 하루에 2~6g 정도를 쓴다.

피부질환에는 짓찧은 생즙을 바르거나 그 물을 한두 방울씩 떨어뜨려 준다.

🐞 주의사항

독성이 있으므로 지나치게 쓰면 경련, 점막의 염증, 혈뇨, 눈동자의 수축 마비가 일어나며 심하면 혼수상태와 호흡마비가 생길 수 있다. 이런 역기능이 발생하면 곧장 구토를 시켜 위를 씻어 내는 동시에 강한 설사약을 먹여 독 성분을 배설시켜야 한다.

706

양지꽃

- **생약명** : 치자연(雉子筵)　　**채취부위** : 전초　　**개화기** : 4∼5월
- **약성** : 성질은 평하고 맛은 달다.
- **효능** : 지혈, 보익, 건위, 청혈

1) 식물의 생태

　　이른 봄 산기슭이나 풀밭의 볕이 잘 드는 곳에서 잘 자라는 장미과의 여러해살이풀이다.

　　높이는 20∼30cm 정도이고, 몸 전체에 긴 털이 나고 뿌리에서 여러 장의 잎이 나와서 사방으로 비스듬히 퍼지고 잎자루는 길고 가장자리에 톱니가 있다. 꽃은 4∼6월에 노란색으로 피고, 6월경에 열매가 익는다.

양지꽃과 같은 종인 식물은 세잎양지꽃, 물양지꽃, 솜양지꽃, 민눈양지꽃 등 우리나라에 약 20종이 자생하고 있으며 모두 다 같은 효능이 있다.

2) 채취시기 및 사용부위

옛날엔 구황식물로 어린순을 나물로 먹으며 껍질과 잔뿌리를 제거한 굵은 뿌리는 삶아 먹거나 쪄서 먹기도 하였으며 약재로 쓸 때는 이른 봄에 전초를 채취하여 깨끗이 씻은 다음 햇볕에 말려 약으로 쓴다. 또한 이른 봄 전초를 채취하여 잘 손질한 다음 녹즙을 만들어 먹어도 된다.

3) 효능 및 사용법

한방에서는 식물체 전체를 약재로 쓴다. 잎과 줄기는 위장의 소화력을 높이고 뿌리는 지혈제로 쓰인다.

양지꽃에는 지혈작용이 있어서 코피 흐르는 데, 토혈, 월경과다, 산후 출혈에 효험을 나타낸다. 양지꽃은 허약한 몸을 보강해 주는 작용을 갖고 있다.

허약한 체질을 건강하게 다스리는 데에 효과를 보려면 여름철에 뿌리를 포함한 전초를 채취하여 깨끗이 씻어 그늘에서 건조시켰다가 수시로 뭉근히 달여 마시도록 한다. 그러나 생째로 뽑아다가 곧 달여서 음료수 마시듯 자주 복용하는 것이 더 효과적이다. 말린 잎을 가루로 빻아 꿀을 섞어 새알심만 하게 구슬 모양으로 빚어서 하루 두세 번 두 알씩 씹어 먹는 것도 몸 보양에 효과적이다.

707

엉겅퀴

- **생약명** : 대계(大薊)　• **채취부위** : 전초　• **개화기** : 6～8월
- **약성** : 성질은 따뜻하고 맛은 쓰다.
- **효능** : 강정, 양혈, 소종, 지혈

1) 식물의 생태

　　국화과의 여러해살이풀로서 전 세계에 약 250여 종이 알려져 있으며 호계, 자계, 야홍화, 산우방, 마계, 계항초, 묘계, 천침초 등 여러 이름이 있다. 높이는 50～100cm 정도이고 잎 가장자리에 결각상의 톱니와 가시가 있다. 줄기에서 나온 잎은 원줄기를 감싸고 있으며, 꽃은 6～8월에 피며 가지 끝과 원줄기 끝에 달리고 꽃잎은 자주색 또는 적색이다.

2) 채취시기 및 사용부위

개화기에 전초를 채취하여 햇볕에 말려 약으로 쓰거나, 뿌리는 가을 부터 이른 봄 사이에 채취하여 잘 손질한 다음 잘게 썰어 햇볕이나 고열에 말려 그 대로 쓰거나 검게 볶아 사용한다. 뿌리의 떫은맛을 제거하기 위하여 쌀뜨물에 하루 정도 담가 두었다가 사용하면 떫은맛을 많이 제거할 수 있다.

3) 효능 및 사용법

어린순은 식용하고 성숙한 것은 약용하는데, 지혈, 혈압강하, 항균 및 폐결핵에 쓰인다. 약리실험에서 해열, 지혈, 혈액 응고작용, 혈압강하 작용이 있음 을 밝혀졌다. 지혈이 잘되므로 토혈, 각혈, 하혈, 외상출혈, 산후출혈이 멎지 않는 증세, 대하증에 사용하며 피가 나오는 현상에는 다 뚜렷한 약효가 있다. 다른 지혈 제와 배합하여 약용하면 효험이 크다.

종기, 음부 가려움증, 악성 부스럼, 물이 고인 고름집, 화농성 피부병에 잎과 뿌리를 짓찧어 붙인다. 민간에서는 유방암에 써 왔는데 잎과 뿌리를 짓찧어 나온 즙을 달걀 흰 자 위에 이겨서 젖가슴에 붙였다고 한다. 그리고 잎과 줄기의 달임약은 여자의 적백대 하를 다스리고 태아를 안정시키는 데 썼다고 한다. 뿐만 아니라 정을 기르고 혈을 보하 며 어혈을 풀어 주는 약이며, 특히 남자들의 양기를 북돋우는 데 아주 효과가 뛰어나다.

꽃을 "야홍화"라고 하는데 술을 담가 먹으면 피로회복, 위장에 도움을 주어 소화 촉진, 남성의 정력 증강은 물론이고 혈액순환을 원활히 해 준다.

708

약모빌

- **생약명** : 어성초(漁性草)　　　• **채취부위** : 전초　　　• **개화기** : 5～6월
- **약성** : 성질은 따뜻하고 맛은 쓰고 맵다.
- **효능** : 진통, 소염, 이뇨, 해독

1) 식물의 생태

　　약모빌은 남부지방의 산속 그늘지고 물기가 많은 땅에 자라는 삼백초과의 여러해살이풀로서 잎 모양은 고구마 잎을 닮았고 줄기는 붉다. 꽃은 5～6월에 피고 줄기 끝에서 나온 짧은 꽃줄기 끝에 수상꽃차례를 이루며 많은 수가 달린다. 열매는 삭과이고, 종자는 연한 갈색이다. 뿌리는 옆으로 길게 뻗고 가늘며 흰색이다. 줄기는 곧게 서고 높이가 20～50cm이며, 몇 개의 세로줄이 있고 털이 없으며 냄새가 난다. 잎은 어긋나고 넓은 달걀 모양의 심장형이며 길이가 3～8cm이고 끝이 뾰족하며 가장자리가 밋밋하고 턱잎이 잎자루 밑 부분에 붙어 있다.

잎과 줄기에서 고기 비린내를 닮은 냄새가 나기 때문에 어성초라고 부르며 중약
초, 즙채, 십약 등의 여러 이름이 있다.

2) 채취시기 및 사용부위

꽃이 필 무렵 전초를 채취하여 잘 씻은 다음 그늘에서 말려 약으로 쓰
거나, 전초를 잘 씻은 다음 잘게 썰어 효소를 담가도 된다.

3) 효능 및 사용법

항균작용이 가장 강력한 식물 중의 하나이다.

꽃과 줄기에서 고기 비린내와 비슷한 냄새가 난다 하여 어성초라 하며 항균작용
이 뛰어난 천연항생제로 온갖 염증에 효력이 탁월하다. 꽃이 피기 전의 식물체를
이뇨제와 구충제로 사용하고, 잎을 짓찧어 종기와 독충에 물렸을 때 바른다. 민간
에서는 부스럼 · 화농 · 치질에 사용하고, 한방에서는 식물체를 임질 · 장염 · 요로감
염증 · 폐렴 · 기관지염에 사용한다.

어성초는 요도염, 방광염, 자궁염, 폐렴, 축농증, 기관지염, 치루, 탈홍, 악창
등 갖가지 염증질환에 매우 탁월한 효험을 낸다. 고혈압에도 효과가 있고 해독작용
도 강력하며 당뇨병의 혈당치를 낮추는 효과가 있다. 항생제 "설파민"보다 수십 배
나 항균력이 높은 것으로 알려져 있으며, 대장균, 적리균, 파라티푸스균, 임균, 포
도알균, 사상균, 백선균, 무좀
균 등을 억제 내지 죽이는 것
이 입증되었다. 축농증에 매우
뛰어난 효과를 보이는데, 건초
20~30g(날것은 100~150g)
을 1L의 물로 0.5L쯤 되게 달
여서 하루 세 번 나누어 마신
다. 변비에도 약모밀 말린 것
을 날마다 20~30g을 달여 마
시면 증상이 해소된다.

709

오이풀

- **생약명** : 지유(地楡) - **채취부위** : 뿌리 - **개화기** : 7~10월
- **약성** : 성질은 차고 맛은 쓰고 시다.
- **효능** : 지혈, 해독, 소종, 수렴

1) 식물의 생태

오이풀은 장미과에 속하는 여러해살이풀이며 주로 양지바른 산이나 들에서 잘 자란다. 어린줄기와 잎이나 뿌리에서 오이 냄새가 난다 하여 오이풀이라 하며 지유의 "유(楡)"는 느릅나무를 뜻한다.

꽃은 7~10월에 자주색으로 피고 긴 꽃자루 끝에서 둥글게 뭉쳐서 위에서부터 핀다. 꽃대는 길게 뻗어 나가며 가늘고 매듭이 없으며 강하고, 뿌리는 굵고 딱딱하며 옆으로 길게 뻗어 나가며 번식한다. 잎은 가장자리에 톱니가 있으며, 열매는 수과로서 사각형이고 8~11월에 익는다.

비슷한 종류로는 산오이풀, 큰오이풀, 가는오이풀이 있다.

2) 채취시기 및 사용부위

나물로 먹을 때는 봄철 어린싹을 채취하여 사용하고, 약재로 쓸 때는 가을부터 봄 사이에 뿌리를 채취하여 잘 손질한 다음에 햇볕이나 고열에 말려 약으로 쓴다. 또는 꽃이 피었을 때 전초를 채취하여 말려 약으로 쓰기도 한다.

3) 효능 및 사용법

화상, 갖가지 출혈 만성장염, 부인질환, 피부병 등에 요긴하게 쓴다. 오이풀은 설사, 대장염, 출혈, 악창, 화상 등에 중요하게 쓰는 민간약이다. 특히 지혈작용이 강하여 갖가지 출혈에 피를 멎게 하는 데 많이 쓴다.

오이풀 잎에는 칼슘, 철, 구리, 아연 등의 미량 원소가 많이 들어 있고 탄수화물, 단백질, 지방, 무기질이 고루 들어 있으므로 나물로 먹으면 상큼한 오이 향이 일품이다.

오이풀은 화상에 최고의 명약이다. 오이풀의 잎이나 뿌리 줄기를 짓찧어 붙이면 신통하다 싶을 만큼 잘 낫는다. 오이풀 뿌리, 금은화, 대황, 황경피나무 껍질을 각각 같은 양으로 가루를 내고 식용유에 풀처럼 개어서 화상에 바르면 효과가 더욱 빠르다.

급·만성 대장염, 설사 등에는 오이풀 뿌리를 달여서 마시면 즉시 효과가 있다. 항균작용이 있어 적리균, 대장균 등을 죽이며 탄닌이나 비타민 C 등이 설사를 방지한다. 오이풀의 새싹을 따서 그늘에 말린 것 5~10g을 물 한 되에 넣고 달여서 수시로 마셔도 같은 효과가 있다. 만성 장염으로 인한 설사 또는 갑자기 배가 아플 때 등에 신기하게 잘 듣는다.

710

옻나무

- **생약명** : 건칠(乾漆)　　• **채취부위** : 진액, 줄기　　• **개화기** : 6~7월
- **약성** : 성질은 따뜻하고 맛은 맵다.
- **효능** : 건위, 지사, 살균, 청혈

1) 식물의 생태

　　옻나무는 전국의 야산에 많이 퍼져 있으며 옻나무과의 낙엽교목이다.
키는 20m 정도까지 자라고, 잎은 마주 나고 끝은 뾰족하고 양면에 털이 퍼져 나고
가장자리는 밋밋하다. 꽃은 암수딴그루로 황록색이며 6~7월에 피고, 10~11월에
열매가 익으며 핵과이고 납작 둥글고 광택이 나며 연한 황색이다. 줄기는 회백색
을 띠며 세로 무늬와 가로 무늬의 두 종류로 나누어지며, 잎은 가을에 붉게 단풍이 든다.

2) 채취시기 및 사용부위

옻나무는 다용다로 사용되고 있으며, 여름철 잎이 무성할 때 진액을 받아 약용이나 공업용으로 사용한다. 줄기나 줄기의 껍질을 쓸 때는 가을철 단풍이 들기 사작할 때쯤 채취하여 사용하는 것이 가장 약효가 좋다.

3) 효능 및 사용법

옻나무는 신경통, 관절염, 늑막염 갖가지 암 치료에 쓴다. 옻나무만큼 갖가지 난치병 치료에 탁월한 효과를 내는 약나무를 찾아보기 어렵다.

옻은 제일 우수한 방부제이며 살충제이다. 그러므로 인체의 세포를 보존하여 상하지 않고 갖가지 질병을 다스린다. 소변이 잘 나오게 하고, 몸을 따뜻하게 하며, 소화를 돕고, 어혈과 염증을 풀어 주며, 피를 맑게 하고, 균을 죽인다.

🐞 주의사항

옻을 가장 좋은 약인 동시에 그 독도 무섭다. 옻에 약한 사람이 함부로 먹거나 손대면 심하게 옻이 올라 죽을 수도 있다. 옻독을 중화하기 위해 닭, 오리, 개, 염소와 함께 달이는 것이다. 옻독을 중화하는 데는 개뼈가 으뜸이다. 개뼈를 옻에 갖다 대면 옻이 즉시 녹아 버릴 만큼 옻독을 중화하는 효과가 빠르다. 그리고 야생초로서는 칠해목이 있다. 옻을 먹다가 옻이 오르면 백반을 진하게 물에 풀어 바르면서 먹는다. 월 1회 이상 먹지 말고, 옻을 먹고 나서 혈관 주사를 맞아서는 안 된다.

711

으름덩굴

- **생약명** : 목통(木桶)   **채취부위** : 전체   **개화기** : 5~6월
- **약성** : 성질은 차고 맛은 쓰고 달다.
- **효능** : 이뇨, 강심, 소염, 진통

1) 식물의 생태

으름은 으름덩굴과에 속하는 낙엽성 활엽수로 다른 물체를 감고 올라가는 덩굴식물이다. 산지의 습기가 많은 골짜기에서 주로 자라며 키는 10m 이상되는 것도 많다. 가지는 털이 없고 갈색이며, 잎은 묵은 가지에서 무리지어 나고 새가지에서는 어긋 나며 손바닥 모양의 겹잎으로 봄에 새눈과 동시에 꽃이 핀다. 꽃은 5~6월에 연한 보랏빛으로 피고 암수한그루이며, 수꽃은 작지만 많이 달리고, 암꽃은 적게 달리고 크기도 작으며 꽃잎이 없는 대신 자갈색의 꽃받침 잎이 꽃잎처

럼 달려 있다. 열매는 5~10cm 정도의 장과로서 긴 타원형이고 10월에 자줏빛을
띤 갈색으로 익으며, 껍질이 갈라지면 그 속에 검은색의 작은 씨가 많이 들어 있어
과실로 먹기엔 어렵다. 다른 이름으로 임하부인(林下婦人) 또는 조선바나나라고 하
며, 줄기를 목통(木通)이라고 쓰고, 열매를 예지자 또는 팔월찰이라고 한다.

2) 채취시기 및 사용부위

      늦가을부터 봄 사이에 줄기나 뿌리를 채취하여 잘라 겉껍질을 벗기고
잘 손질한 다음 말려 약재로 쓰고, 열매는 10월경 채취하여 말려 약으로 쓴다. 봄
철에 나는 새순이나 어린잎을 나물로 먹기도 하고 국을 끓여서 먹기도 한다.

3) 효능 및 사용법

      으름덩굴은 소변을 잘 나오게 하는 약재로 이름이 높다. 어린잎을 살
짝 쪄서 말려 차 대신 마시면 소변이 잘 나오고 부은 것을 내리며 통증을 멎게 하는
효능이 있어서 옛사람들이 즐겨 마시기도 했다.

봄철에 으름덩굴의 껍질을 벗겨서 말려 두었다가 눈병이 생겼을 때 삶아서 그 물
을 눈에 넣으면 눈병이 잘 낫고, 수유부가 젖이 부족할 때 으름덩굴 잎을 달여서 마
시면 젖이 잘 나오게 된다. 콩팥염이나 심장병으로 인한 부종, 신경통이나 관절염
으로 인한 부종, 임산부의 부종에 으름덩굴을 달여서 복용하면 잘 듣는다.

으름덩굴은 콩팥의 여과기능을 좋게 하고, 콩팥 세뇨관에서 재흡수를 억제하기
때문에 별다른 부작용 없이 소변을 잘 나가게 한다. 콩팥이나 세뇨관, 방광에 생긴
결석에도 으름덩굴이나 으름열매를 달여서 먹으면 좋으며, 봄철 잎과 줄기를 채취
하여 효소를 담가 두었다 복용하면 비뇨기계 질환의 환자에게 아주 효과적이다.

712

익모초

- **생약명** : 충위(充位) **채취부위** : 씨앗, 지상부 **개화기** : 7~8월
- **약성** : 성질은 차고 맛은 쓰다.
- **효능** : 항암, 강심, 이뇨, 지혈

1) 식물의 생태

익모초는 전국 각지의 들과 풀밭 습기가 많은 곳에서 잘 자라는 꿀풀과의 두해살이풀이다. 키는 1m 정도이고, 잎은 첫해에는 심장 모양의 잎이 뿌리에 붙어서 나고 이듬해에는 줄기가 나서 자라는데 잎자루가 길며 약간 둥근 모양이고 깊게 갈라져 있고 가장자리에 톱니가 있다. 꽃은 홍자색으로 7~8월에 잎겨드랑이에 층층으로 달리고, 열매는 9~10월에 열리는데 씨앗의 색깔이 검고 세모꼴이며 3개의 능선이 있다. 줄기는 곧게 서고 네모지며 몸 전체에 갈색이 도는 털이 밀생한다.

암눈비앗 또는 충위라고도 하며 씨앗을 충위자라고 한다.

2) 채취시기 및 사용부위

지상부를 여름철 생장이 왕성할 때 채취하여 잘 손질한 다음 바람이 잘 통하는 그늘에서 말려 쓰거나 생것을 잘게 썰어 사용하기도 한다.

『본초강목』에 의하면 소서와 단오 사이인 6월 6일에 채취하는 것이 약성이 가장 좋다고 한다. 종자를 쓸 때는 가을철 완전히 익은 것을 채취하여 약재로 쓴다.

3) 효능 및 사용법

여성들의 여러 병에 매우 좋은 약으로 이름 높은데, 특히 산전·산후에 부인들의 보약으로 널리 쓴다. 자궁수축작용, 지혈작용, 혈압내림작용, 강심작용, 이뇨작용, 항암작용 등의 다양한 약리작용이 있어서 웬만한 질병에는 거의 다 쓸 수 있다. 고혈압, 협심증, 심근염, 신경쇠약에도 좋고 부인들의 월경과다, 산후출혈, 생리통, 생리불순, 산후에 배가 아플 때 산전·산후의 허약증 등에 널리 쓴다. 익모초는 여성의 생리를 조절하는 데 매우 좋은 약이다. 익모초는 항암작용도 상당한 것으로 밝혀졌다. 유방암에는 익모초를 진하게 달여서 자주 씻고 자궁암이나 위암에는 익모초 15~20g을 달여서 하루 세 번에 나누어 복용한다.

익모초는 몸을 따뜻하게 하므로 여자들이 아랫배가 찬 것을 고치는 데에도 좋은 약이 된다. 여성의 생리통이나 생리불순에는 익모초 조청을 만들어 먹으면 좋다.

익모초 조청(고)을 만드는 방법

푹 끓여 재탕한 뒤에 건더기를 거른 후 원탕과 합쳐서 걸쭉해질 때까지 끓이면 조청이 되고, 이것을 죽은 사람도 살린다는 "환혼단"이라 한다.

713

음나무

- **생약명** : 해동목(海桐木) **채취부위** : 줄기 **개화기** : 7~8월
- **약성** : 성질은 평하고 맛은 쓰다.
- **효능** : 지통, 소염, 풍습제거, 강장

1) 식물의 생태

       음나무는 두릅나무과의 낙엽성 교목이며 우리나라 어디에서나 잘 자란다. 키는 20m 정도까지 자라며, 나무 껍질은 흑갈색이고, 험상궂은 가시가 줄기에 빈틈없이 나 있는 나무로 해동목(海桐木), 자추목(刺秋木)이라고도 한다. 잎은 어긋나서 달리고 갈래가 있으며 가장자리에 톱니가 있고 매우 큰 것이 인상적이다.

    암수한그루의 나무로 7~8월에 새 가지 끝에 우산 모양의 황록색 작은 꽃이 달리며, 10월에 콩알만 한 크기의 열매가 검게 달린다.

2) 채취시기 및 사용부위

옛사람들은 이 나무의 날카로운 가시가 귀신의 침입을 막아 준다 하여 이 나무의 가지를 대문이나 방문 위 등 출입구에 꽂아 두었었다.

껍질을 쓸 때는 여름철 잎이 무성할 때 채취하여 겉껍질을 긁어서 버리고 속껍질만을 쓰는데, 잘 손질하여 햇볕에 말려 약재로 쓰며 여름철에 껍질을 벗겨야 잘 벗겨진다.

줄기 전체를 쓸 때는 잎이 질 무렵 채취하여 잘게 잘라 고열이나 햇볕에 건조시킨 다음 약재로 쓴다. 이른 봄 새순이 돋아날 때 어린 새순을 채취하여 나물로도 흔히 먹는다.

3) 효능 및 사용법

대개 가시가 있는 나무는 독이 없고 염증 치료에 탁월한 효과가 있다. 따라서 찔레나무, 아카시아나무, 탱자나무 등 날카로운 가시가 있는 나무는 갖가지 암, 염증 치료에 귀중한 약재가 될 수 있다.

엄나무의 약효는 다양하다. 먼저 관절염, 종기, 암, 피부병 등 염증질환에 탁월한 효과가 있고, 신경통에도 잘 들으며, 만성간염 같은 간장질환에도 효과가 크고, 늑막염, 풍습으로 인한 부종 등에도 좋은 효과가 있으며 진통작용도 상당하다.

또 물 1L에 말린 줄기나 뿌리 껍질 50g 정도를 넣고 달여 상시 복용하면 중풍을 예방한다. 당뇨병에도 일정한 치료작용이 있고, 강장작용도 있으며, 신장의 기능을 튼튼하게 하는 효과도 있다. 껍질을 쓰기도 하고 뿌리를 쓰기도 한다. 잎을 그늘에 말려서 차를 달여 마시면 좋은 향이 난다.

714

왕고들빼기

- **생약명** : 용설채(龍舌茶) **채취부위** : 전초 **개화기** : 7~9월
- **약성** : 성질은 차고 맛은 쓰다.
- **효능** : 지통, 소염, 지혈, 강장

1) 식물의 생태

　　국화과의 한해살이풀이며 황무지나 들에서 자란다. 높이는 1~2m로 뿌리에 달린 잎은 꽃이 필 무렵 지고 줄기에 달린 잎은 어긋난다. 잎 모양은 갈라지며 끝이 뾰족하고 잎자루가 없다. 7~9월에 지름 약 2cm의 노란 꽃이 줄기 끝에서 나온 가지에 원추꽃차례로 여러 개 핀다. 총포는 원통 모양이고, 총포조각은 자줏빛을 띠며 털이 없다. 열매는 납작한 타원형 수과로서 10~11월에 익고 능선이 있으며 관모는 흰색이다.

2) 채취시기 및 사용부위

봄에 어린잎은 나물이나 쌈으로 먹을 수 있으며, 여름에 잎이 무성할 때 전초를 채취하여 잘게 썰어 잘 손질한 다음 말려 사용하고, 뿌리를 가을부터 봄 사이에 굴채하여 깨끗이 씻은 다음 햇볕이나 고열에 건조시켰다가 사용한다.

3) 효능 및 사용법

뿌리를 달여 마시면 감기, 해열, 편도선염, 인후염, 유선염, 자궁염, 산후출혈에 서서히 효험을 나타내며 몸이 이상스럽게 지근거릴 경우에도 몸이 개운하게 풀린다. 사용량은 뿌리 말린 것 30g 정도를 물 1L에 달여 1일 3회 식후에 마신다.

고들빼기의 뛰어난 영양물질이 우리의 몸속에 들어가 여러 가지 질환이 생겨날 여지를 주지 않으며, 야외에서 채소 대용으로 요긴하게 활용할 가치가 있다.

봄에는 어린잎이 맛도 좋으며 여름, 가을에는 생장점이 되는 위쪽의 새잎을 따면 흔쾌히 먹을 수 있다. 시골에서 나물감으로 많이 먹어 왔다. 김치로 담가 먹기도 하고 무침이나 나물죽으로 잘 식용했는데, 요즘은 입이 고급스러워져서 그런지 다소 쓴맛이 있다고 해서 외면당하고 있다.

굳이 야외에 나가서 뜯어 올 필요 없이 마당에 한두 포기 심어 놓으면 이듬해부터 왕성하게 절로 번식되어 때때로 식단에 올리는 재미가 있다. 줄기와 잎을 잘라 보면 흰 즙이 흘러나오는데, 해롭지 않다. 산야에 흔한 야생 채소로 훌륭한 영양식품, 인체의 신진대사에 활성을 일으킨다.

715

원추리

- **생약명** : 금침채(金針菜) **채취부위** : 뿌리 **개화기** : 6~7월
- **약성** : 성질은 차고 맛은 달다.
- **효능** : 자양강장, 이뇨, 소종, 해독

1) 식물의 생태

　　원추리는 전국 각처의 산지 계곡이나 산기슭에서 자라는 백합과의 다년생 초본으로 습도가 높으면서 토양 비옥도가 높은 곳에서 잘 자란다. 키는 50~100cm 정도이고, 잎은 두 줄로 마주 나고 선형이며 끝이 둥글게 뒤로 젖혀지고 흰빛이 도는 녹색이다. 꽃은 황색으로 원줄기 끝에서 짧은 가지가 갈라지고 6~8개의 꽃이 뭉쳐 달리는데 아침에 피었다가 저녁에 시들며 계속 다른 꽃이 달린다. 열매는 9~10월경에 타원형으로 달리고, 종자는 광택이 나며 검은색이다. 뿌리에는 맥문동을 닮은 괴경이 달리는

데 먹을 수 있어서 옛날에는 중요한 구황식물의 하나였다. 훤초(萱草), 망우초(忘憂草), 금침채(金針菜), 의남초(宜男草) 등으로 불리며 어린 싹을 나물로도 즐겨 먹는다.

2) 채취시기 및 사용부위

원추리를 우리말로는 넘나물이라고 하여 봄철에는 어린 싹을, 여름철에는 꽃을 따서 김치를 담가 먹거나 나물로 무쳐 먹는다. 뿌리는 꽃이 질 무렵 굴채하여 잘 손질한 다음 건조하여 약용하거나 생으로 식용해도 된다. 멧돼지가 파서 즐겨 먹을 만큼 영양분이 많은데 자양강장제로도 쓰였고, 녹말을 추출하여 쌀 보리 같은 곡식과 섞어서 떡을 만들어 먹기도 했다. 또 여름에 꽃의 술을 따 버리고 밥을 지을 때 넣으면 밥이 노랗게 물이 들고 독특한 향기가 나는 밥이 된다.

3) 효능 및 사용법

마음을 안정시키고 우울증을 치료한다. 꽃, 뿌리를 차로 늘 마시면 온갖 독을 풀어 준다. 원추리는 마음을 안정시키고 스트레스, 우울증을 치료하는 약초로 알려져 있는데 옛날에는 흉격이라 하여 사악한 기운이 영혼에 침노하여 생기는 마음의 병을 치료하는 데 으뜸가는 약이라 하였다. 또한 원추리는 폐결핵, 빈혈, 황달, 변비, 소변불통 등에 치료약으로 쓴다. 뿌리를 달인 물은 결핵균을 죽이는 작용이 있고 전초에 이뇨작용, 항염증작용, 지혈작용, 해독작용도 뛰어나다.

물 1L에 건초 5~10g 정도를 넣고 반으로 줄 때까지 달여 하루 세 번 식후에 복용한다.

 주의사항

뿌리에는 약간의 독성이 있으므로 너무 많이 먹지 않도록 한다.

716

인동

- **생약명** : 금은화(金銀花)　·**채취부위** : 전체　·**개화기** : 6~7월
- **약성** : 성질은 차고 맛은 달다.
- **효능** : 해독, 이뇨, 해열, 소종

1) 식물의 생태

　　　　인동과의 덩굴성 식물이며 전국의 산과 들의 양지바른 곳에서 잘 자란다. 길이는 약 5m이다. 줄기는 오른쪽으로 길게 뻗어 다른 물체를 감으면서 올라가고, 가지는 붉은 갈색이고 속이 비어 있다. 잎은 마주 달리고 긴 타원형이거나 넓은 바소꼴이며 가장자리가 밋밋하지만 어린 대에 달린 잎은 깃처럼 갈라진다. 꽃은 5~6월에 피고 연한 붉은색을 띤 흰색이지만 나중에 노란색으로 변하며 2개씩 잎겨드랑이에 달리고 향기가 난다. 열매는 장과로서 둥글며 10~11월에 검게 익는다.

인동 꽃은 처음에는 흰색으로 피었다가 며칠 지나면 노란색으로 변한다. 그래서 자세히 살펴보지 않으면 흰 꽃과 노란 꽃이 섞여 피는 것처럼 보인다.

2) 채취시기 및 사용부위

줄기, 잎, 꽃, 뿌리까지 모두 약으로 쓰며 뿌리와 줄기는 가을부터 봄까지 채취하여 잘게 썰어 말린 다음 약재로 쓰고 잎은 늦은 봄 꽃이 필 무렵 채취하여 그늘에서 말려 쓰며 꽃은 약간 덜 핀 상태에서 채취하여 술을 담그거나 달여 약재로 사용한다.

3) 효능 및 사용법

한방에서는 잎과 줄기를 인동, 꽃봉오리를 금은화라고 하여 종기, 매독, 임질, 치질 등에 사용한다. 민간에서는 해독작용이 강하고 이뇨와 미용작용이 있다고 하여 차나 술을 만들기도 하며 유행성 감기, 종기 간염 등에도 좋다.

아름답고 애절한 전설을 가지고 있기도 한 꽃인 인동(忍冬)은 이름 그대로 모진 겨울을 얇은 이파리 몇 개로 견디어 내는 인고의 장한 뜻이 있는 식물이다.

인동은 덩굴과 꽃을 달리 쓴다. 인동 덩굴은 약성이 차고 맛은 달며 약간 쓰다. 심경, 폐경에 작용한다. 열을 내리고 독을 풀며 경맥을 잘 통하게도 한다. 염증질병에 탁월한 효과가 있으며 창상과 종기, 부스럼을 치료한다. 열로 인하여 생긴 병이나 감기, 호흡기 질병, 매독 등에 효과가 있다. 꽃은 성질이 차고 맛은 달고 약간 쓰면서도 맵다. 소변을 잘 나오게 하고 염증을 삭이며 균을 죽이는 작용이 있다. 갖가지 옹종, 악창, 옴, 이질, 열병, 연주창 같은 데에 효과가 있다. 대장염, 위궤양, 방광염, 인두염, 편도선염, 결막염 등 여러 가지 염증질병에도 효과가 크다.

717

일엽초

- **생약명** : 칠성초(七星草)   • **채취부위** : 전초   • **번식** : 포자
- **약성** : 성질은 차고 맛은 싱겁다.
- **효능** : 이뇨, 항암, 해열, 지혈

1) 식물의 생태

고산식물이며 고란초과의 여러해살이풀이다. 다른 이름은 와위(瓦韋), 검단(劍丹), 칠성초(七星草), 골패초(骨牌草), 낙성초(落星草)라고도 부른다. 일엽초, 파초일엽초, 우단일엽초, 주걱일엽초를 잎부터 뿌리 부분까지 모두 약으로 사용한다. 주로 나무껍질, 습기가 있는 암석 표면, 오래된 기와지붕에서 자라기도 한다.

다년생 초본식물로 높이는 20cm 미만으로 자라는데, 뿌리줄기는 굵고 단단하며 옆으로 퍼지고 비늘 조각으로 조밀하게 덮여 있으며 수염뿌리가 있다.

작은 잎이 한 개씩 나온다고 하여 일엽초(一葉草)라고 부른다. 잎은 육질이 두껍고 윗면은 진한 녹색이며 작은 혈점이 산재해 있으며 밑면은 연한 녹색이다. 잎 뒷면에 중간부터 위쪽에 10~20여 개의 황색의 둥근 모양의 홀씨주머니가 2줄로 나란히 배열되어 있다.

2) 채취시기 및 사용부위

5~8월에 잎이 무성할 때 지상부를 채취하여 잘 손질한 다음 그늘에서 말려 약재로 사용한다.

3) 효능 및 사용법

민간에서 위암, 자궁암, 유방암 등에 효과가 있다고 알려져 왔다.

건조한 전초는 대부분은 여러 그루가 감겨서 한 덩어리로 붙어 있다. 뿌리줄기는 맛이 쓰다. 일본에서는 감기와 임질, 산기, 고환과 음낭 등의 질환으로 생겨나는 신경통과 요통 및 아랫배의 음낭이 붓고 아픈 병 등의 약으로서 뜨거운 물에 달여 복용한다.

이뇨작용이 있어서 오줌을 잘 나가게 하고 지혈작용이 있어서 출혈을 멎게 하며, 기침을 할 때 가래에 피가 섞여 나오는 증상에도 효험이 있다.

이질, 해수, 토혈, 요도염이나 신장염, 방광결석, 신장결석, 부종, 경풍, 임질, 타박상, 하리, 뱀에 물린 상처, 대장염 등에도 쓴다. 하루 10~20g을 물로 달여서 복용한다.

외용 시에는 살짝 구워서 가루 내어 뿌린다.

718

은방울꽃

- **생약명** : 영란(英蘭)　　**채취부위** : 전초체　　**번식** : 6～7월
- **약성** : 성질은 따뜻하고 맛은 쓰다.
- **효능** : 강심, 진정, 이뇨, 지혈

1) 식물의 생태

　　　　　　백합과의 여러해살이풀이며 전국의 산지에서 자란다. 초롱꽃, 영란, 향수화, 초목란, 오월화, 녹령초, 둥구리아싹 등으로 부르기도 한다. 높이는 25～35cm이다. 땅속줄기가 옆으로 길게 뻗으면서 군데군데에서 새순이 나오고 수염뿌리가 사방으로 퍼진다. 밑부분에서는 칼집 모양의 잎이 있고 그 가운데에서 2개의 잎이 나와 마주 감싼다. 잎몸은 긴 타원형이거나 달걀 모양 타원형이며 길이 12～18cm, 너비 3～7cm이다. 끝이 뾰족하고 가장자리가 밋밋하며 잎자루가 길다. 꽃은 5~6월에 흰색으로 피는데 종 모양이다. 꽃줄기는 잎이 나온 바로 밑에서 나오며, 길이 5~10cm의 총상꽃차례에 열 송이 정도가 아래를 향하여 핀다. 열매는 장과로서 둥글며 7월에 붉게 익는다.

2) 채취시기 및 사용부위

뿌리는 봄·가을에 캐고 잎, 줄기, 꽃은 꽃이 피려고 할 때에 채취하여 잘 손질한 다음 바람이 잘 통하는 그늘에서 말려 약재로 쓴다.

꽃을 채취할 때는 꽃 밑에 잔가지가 붙어 있는 것이 좋다. 또한 잎을 뜯을 경우에는 꼭지가 붙어 있는 채로 채취해야 약효가 높아진다.

3) 효능 및 사용법

은방울꽃은 강심작용에 좋다. 따라서 심장운동의 허약과 심장신경증, 심장기능장애, 심장경화증, 심장이 나빠져 몸이 퉁퉁 붓는 데에 효험이 뚜렷하게 나타난다. 그리고 은방울꽃의 꽃제제를 쓰면 심장운동이 느리고 맥박이 좋아지며 혈액순환을 돕는다. 그 외에 자궁출혈, 음부로 허연 액체가 흘러나오는 이슬, 타박상, 오줌이 제대로 나오지 않을 때에도 효과가 있다.

일일 사용량은 5~10g이다.

주의사항

유독식물, 독성이 함유되어 있어서 과식할 경우엔 중독현상이 일어나며, 심하면 심장이 마비되는 수가 있다.

801

작약

- **생약명** : 작약(芍藥)　• **채취부위** : 뿌리　• **개화기** : 5~6월
- **약성** : 성질은 차고 맛은 달고 쓰다.
- **효능** : 양혈, 진통, 소종, 활혈작용

1) 식물의 생태

　　미나리아재비과의 여러해살이풀로서 모란과 비슷하지만, 모란은 목본인 데 반해 작약은 초본이며 모란이 꽃을 피운 후 작약 꽃이 핀다는 것이 다르다.

　백·적 작약을 다 포함한다. 뿌리는 굵고 육질이며 꽃은 5~6월에 피고 열매는 골돌로 3~5개이다. 벌어지면 안쪽이 붉고 덜 자란 붉은 종자와 성숙한 검은 종자가 나타난다. 뿌리는 괴근을 형성하며 방추상으로 자라고 몇 개의 뿌리가 내리고 자르면 붉은빛이 난다. 잎의 뒷면에 털이 난 것을 털백작약, 잎의 뒷면에 털이 나고 암술대가 길게 자라서 뒤로 말리며 꽃이 붉은색인 것을 산작약, 산작약 중에서 잎의 뒷면에 털이 없는 것을 민산작약이라고 한다.

2) 채취시기 및 사용부위

가을에 뿌리를 캐서 겉껍질을 긁어낸 다음 끓는 물에 가볍게 데쳐 햇볕에 말려 사용하거나 또는 그대로 볶거나 막걸리에 축인 다음 볶아 사용한다.

꽃이 피기 전의 꽃봉오리를 채취하여 살짝 말린 다음 술을 담그기도 하고 어린잎은 나물로 먹기도 한다.

3) 효능 및 사용법

뿌리를 진통, 진경, 부인병에 사용한다. 백작약 뿌리는 진통작용이 특히 강하여 여러 종류의 통증을 진정시키고 멈추게 하는 효과가 현저히 나타난다. 즉, 복통, 위장경련으로 오는 위통, 팔다리가 오그라드는 통증, 신경통, 월경통, 가슴속의 통증, 두통, 급성복통 등을 가라앉혀 주는 것이다.

여기에는 백작약 뿌리와 감초 뿌리를 각 4g씩 배합하여 달인 것을 하루 세 번에 나누어 복용하면 더 효과가 있다. 그리고 이 뿌리 약재는 보혈 강장약으로도 쓰이는데 혈액이 부족하여 생기는 원기쇠약(혈허), 저절로 식은땀(도한)이 흐르는 증세, 일반적인 허약으로 생기는 현기증, 지나친 피로, 잘 먹지 못해 생기는 원기부족, 노쇠하여 일어나는 신체허약증 등을 정상으로 회복시키는 약효를 나타낸다.

그 외에 월경불순, 자궁출혈, 월경이 멈추지 않는 증세, 대하증과 같은 부인들의 골치 아픈 증세를 고치는 데 약용하며 전초는 헛배 부른 데와 설사 멎이에도 쓰인다. 일반적인 복용량은 하루에 6~12g 정도이다.

802

질경이

- **생약명** : 차전초(車前草)　　**채취부위** : 전초　　**개화기** : 5~6월
- **약성** : 성질은 차고 맛은 달다.
- **효능** : 보혈, 강장, 윤폐, 양혈

1) 식물의 생태

　　　질경이과의 여러해살이풀로서 사람과 우마의 통행이 잦은 길 옆이나 길 가운데 무리 지어 자란다. 질경이는 생명력이 대단히 강하다. 심한 가뭄과 뜨거운 뙤 약볕에도 죽지 않으며, 차바퀴와 사람의 발에 짓밟힐수록 오히려 강인하게 살아난다.

　　6~8월에 이삭 모양의 하얀 꽃이 피어서 흑갈색의 자잘한 씨앗이 10월에 익는다.

　　질경이의 종류엔 섬질경이, 가지질경이, 개질경이, 털질경이, 왕질경이 등이 있으며 모두 약으로 쓴다.

2) 채취시기 및 사용부위

　　　　　씨앗을 쓸 때는 가을에 씨가 익으면 채취하여 햇볕에 말린 후 비벼 껍질과 이물질을 제거하고 약재로 쓰며, 전초를 사용할 때는 꽃이 필 무렵 채취하여 깨끗이 씻은 다음 바람이 잘 통하는 그늘에서 말려 쓴다. 봄에 어린잎을 채취하여 나물로 먹거나 김치를 담가 먹기도 하며 효소를 담글 땐 꽃 필 무렵 채취하여 잘 손질한 다음 사용한다.

3) 효능 및 사용법

　　　　　씨를 차전자(車前子)라고 한다. 차전자를 물에 불리면 끈끈한 점액이 나오는데 예부터 한방에서 신장염, 방광염, 요도염 등에 약으로 쓴다.

　　민간요법에서 만병통치약으로 부를 만큼 질경이는 그 활용 범위가 넓고 약효도 뛰어나 기침, 안질, 임질, 심장병, 태독, 난산, 출혈, 요혈, 금창(金瘡), 종독(腫毒) 등에 다양하게 치료약으로 써 왔다. 이뇨작용과 완화작용, 진해작용, 해독작용이 뛰어나서 소변이 잘 나오지 않는 데, 변비, 천식, 백일해 등에 효과가 크다. 천식, 각기, 관절통, 눈충혈, 위장병, 부인병, 산후복통, 심장병, 신경쇠약, 두통, 뇌질환, 축농증 같은 질병들을 치료 또는 예방할 수 있다.

　　옛 글에는 질경이를 오래 먹으면 몸이 가벼워지며 언덕을 뛰어넘을 수 있을 만큼 힘이 생기며 무병장수하게 된다고 하였다. 또 질경이는 피부 진균을 억제하는 효능도 있어서 피부궤양이나 상처에 찧어 붙이면 고름이 멎고 새살이 빨리 돋아 나온다.

　　차전자는 간의 기능을 활발하게 하는 작용이 있어 황달에 효과가 있으며, 질경이는 훌륭한 약초일 뿐만 아니라 무기질과 단백질·비타민·당분 등이 많이 들어 있는 나물이기도 하다.

803

찔레나무

- **생약명** : 석산호(石蒜湖) · **채취부위** : 전체 · **개화기** : 5월
- **약성** : 성질은 평하고 맛은 달고 시다.
- **효능** : 건비위, 이뇨, 생리통, 성장발육

1) 식물의 생태

찔레나무는 전국의 산기슭 또는 들판에서 흔히 자라는 낙엽 지는 관목이다. 가시가 많고 잎은 호생하며 가장자리에 톱니가 있다. 꽃은 5월경 흰색이나 연분홍색으로 피며 새로 나온 가지 끝에 원추화서로 달린다. 열매는 9~10월에 붉게 익으며 겨울에 새들의 먹이용으로 이용된다.

찔레를 석산호라 부르고 그 열매를 영실 또는 색미자라 하여 꽃, 열매, 뿌리, 새순에 기생하는 버섯 등을 약으로 쓴다.

새순은 이른 봄 막 올라오는 것을 채취하여 생으로 먹거나 살짝 덖어서 차로 우려 먹는다. 꽃은 막 피기 시작할 때쯤 채취하여 말려서 달여 먹거나 술을 담그기도 한다. 열매는 8~9월에 반쯤 익은 열매를 따서 그늘에서 말려서 쓴다. 뿌리는 가을에 잎이 지고 난 다음에 채취하여 깨끗이 씻은 다음 햇볕이나 고열에 말려 약재로 사용한다.

3) 효능 및 사용법

찔레 열매는 약간의 독성이 있으므로 말려서 술에 담갔다가 시루에 쪄서 말리기를 아홉 번 반복하였다가 가루 내어 쓰며 부종, 수종, 소변이 잘 안 나오는 데, 야뇨증, 오줌싸개 등에 큰 효과가 있다. 또한 영실은 여자들의 생리통, 생리불순, 변비, 신장염, 방광염, 각기, 수종 등에 치료 효과가 뛰어난 약재이다. 대개 물에 넣고 달여서 복용하거나 가루 내어 먹는다. 하루에 10~15g을 세 번으로 나누어 복용한다. 반쯤 익은 열매를 따서 깨끗하게 씻어 독한 술에 담가 6개월쯤 두었다가 그 술을 조금씩 복용하는 방법도 있고, 찔레 열매를 엿처럼 진하게 달여서 영실고나 영실엑기스를 만들어 복용하는 방법도 있다.

찔레 뿌리는 산후풍, 산후골절통, 부종, 어혈, 관절염 등에 효과가 신비롭다. 특히 여성들의 산후풍, 산후골절통에는 찔레 뿌리로 술을 담가 먹으면 놀랄 만큼 효험을 본다.

찔레 상황은 어린이 기침, 경기, 간질에 최고의 묘약이며 항암효과도 뛰어나다. 위암, 폐암, 간암 등 갖가지 암에도 똑같은 방법으로 복용한다. 버섯 중에서 암 치료에 가장 탁월한 효력이 있는 것으로 치는 사람도 있다. 찔레 새순은 어린이의 성장발육에 큰 도움이 된다.

804

족두리풀

- **생약명** : 세신(細辛) ・ **채취부위** : 뿌리 ・ **개화기** : 4~5월
- **약성** : 성질은 차고 맛은 맵다.
- **효능** : 진통, 진정, 신진대사기능 촉진

1) 식물의 생태

　　전국 산지의 음지 쪽에 주로 자생하며 쥐방울과의 여러해살이풀로서 가늘고 긴 뿌리줄기를 가지고 있으며 다육질이고 매운맛이 있다.

　　높이는 20~30cm 정도이고, 꽃은 잎이 나기 전인 4~5월에 붉은빛이 강한 자주색으로 피고, 잎자루는 보랏빛이 감도는 갈색빛이다. 열매는 둥글고 해면질로서 그 속에 20개 안팎의 씨가 들어 있다.

2) 채취시기 및 사용부위

　　　　뿌리의 채취시기는 5~7월경으로 이물질과 흙을 제거하고 살짝 씻은 후 잘게 썰어 햇볕에 말려 약재로 쓰거나 잎과 줄기·뿌리를 포함한 전초를 채취하여 말려 약으로 쓰기도 한다.

3) 효능 및 사용법

　　　　한방에서 뿌리를 세신(細辛)이라는 약재로 쓴다. 뿌리의 달임약은 진통작용이 뛰어나 두통, 신경통, 요통, 치통, 관절통, 근육통, 배꼽 언저리의 통증, 가슴과 옆구리가 아픈 증세에 좋은 약효가 나타난다. 감기, 몸이 부어오르는 증세, 기침, 가슴이 답답할 때에 약용한다. 냉기를 가시게 하고 신진대사의 기능을 촉진하는 작용도 한다. 이 뿌리에 오미자를 섞어 달이면 더 효과가 있다. 민간에서는 살충을 위해서, 또 간염 치료약, 염증약으로 써 왔다.

　　하루 복용하는 양은 건재 3~5g 정도이다.

주의사항

족두리풀은 독성이 세다. 뿌리를 약용으로 사용하는데 독성을 완화해야 한다. 법제하려면 생강을 약간 두껍게 썰어 압력밥솥에 깔고 그 위에 세신뿌리를 얹고 생강이 안 탈 정도로 쪄서 볕에 건조(양건)시킨다.

절대로 과용을 금하며 뿌리를 혓바닥에 대 보면 약간의 아린 증상이 나타난다.

805

자주쓴풀

- **생약명** : 어담초(魚膽草) ● **채취부위** : 전초 ● **개화기** : 9~10월
- **약성** : 성질은 차고 맛은 쓰다.
- **효능** : 청열, 해독, 식욕부진, 발모

1) 식물의 생태

용담과의 두해살이풀로서 뿌리의 맛은 용담과 비슷하고 햇볕이 잘 드는 언덕, 산비탈, 풀밭, 밝은 소나무숲 등에 자생한다. 1년까지는 타원형이며 끝이 뾰족한 근출엽만으로 겨울을 나지만 다음 해 봄부터 자줏빛을 띠는 줄기를 뻗으며 곧게 올라가 높이 10~20cm까지 자란다. 자지쓴풀, 쓴풀, 어담초, 장아채, 수황연, 당약이라고도 한다. 뿌리는 노란색이고 매우 쓰며, 잎은 바소꼴로 마주 나고 양 끝이 날카로우며 좁다. 잎 가장자리가 약간 뒤로 말리며 잎자루가 없다. 꽃은 9~10월에 피고 자주색이며 꽃이 아름다우며 1년초 또는 월년초이고 열매는 삭과로서 넓은 바소꼴이며 씨앗이 매우 작다.

2) 채취시기 및 사용부위

가을에 꽃 필 무렵 뿌리째 뽑아서 흙을 털고 잘 씻은 다음 햇볕에 말려 약재로 쓴다.

3) 효능 및 사용법

용담보다 약 10배 쓰다. 그러나 보관하면 쓴맛이 약해지며 청열, 해독의 효능이 있다. 골수염, 인후염, 편도선염, 결막염을 치료하며 고미건위약으로서 식욕부진, 소화불량에 쓰인다. 2~3g을 달여서 복용하거나 산제(散劑)로 쓴다.

민간요법으로 쓴맛이 위가 더부룩하고 위통, 소화불량이 있을 때 말린 것을 가루내어 1회 0.5g을 물과 함께 먹는다. 달일 때는 1일 1.5g에 두 컵의 물을 넣어서 물이 반으로 줄 때까지 달여서 하루 3번 나누어 먹는다. 특히 달인 액에 대머리를 자라게 하는 발모 작용이 있다고 하여 머리를 감은 후에 바르고 마사지하면 발모 효과가 있다. 이미 쓴풀의 성분을 넣은 발모제가 제품화되어 판매되고 있다.

806

짚신나물

- **생약명** : 선학초(仙鶴草)　• **채취부위** : 전초　• **개화기** : 7~8월
- **약성** : 성질은 따뜻하고 맛은 쓰다.
- **효능** : 지혈, 해독작용, 항암작용, 신장질환

1) 식물의 생태

　　　　　전 세계에 널리 퍼져 있는 장미목 장미과의 여러해살이풀이다. 우리나라에서는 짚신을 닮았다고 해서 "짚신나물"이라고 하며 선학초, 용아초, 황화초라고도 한다.

　7~8월에 매우 아름다운 노란꽃이 피는데 줄기 끝 혹은 잎겨드랑이에서 가늘고 긴 꽃대가 이삭 모양으로 올라와 노란 꽃들이 줄줄이 달린다. 온몸에 거친 잔털이 있으며 뿌리는 작은 덩어리가 져 있고 줄기는 가지를 치면서 1~1.5m 정도까지 자란다. 잎은 마디마다 어긋 나고 깃털겹잎으로 5~7마디의 소엽을 가지며 가장자리에 작은 톱니가 있다.

2) 채취시기 및 사용부위

어린순은 나물로 먹으며 꽃이 필 무렵 뿌리를 포함한 전초를 채취하여 생으로 효소를 담그거나 깨끗이 씻은 다음 바람이 잘 통하는 그늘에서 말려 약재로 쓴다.

3) 효능 및 사용법

이질, 위궤양, 구충, 자궁출혈 등에 약재로 쓰며 어린순은 식용한다. 중국의 한의학서인 『암류방치 연구』에서는 주로 자궁암 치료를 위한 여러 가지 처방전에 집중 첨가하는 임상기록들을 밝혀 놓았다. 북한의 『동의학사전』에서는 위암, 식도암, 대장암, 간암, 자궁암, 방광암 등에 쓰이는 항암약재라는 것을 알려 주고 있다.

우리나라의 정평 있는 『신씨본초학』에서는 자궁암, 폐암, 간암, 설암으로 인한 출혈을 멈추게 하는 데 탁월한 효과가 있다고 했으며, 북아메리카의 인디언들이 애용하고 서양에서는 내장을 풀어 주며 신장, 간장, 비장, 담낭 등의 치료에 평판이 좋은 약초로 기록하고 있고, 가정요법으로 근육통, 관절염에도 효과적이라고 한다.

또 성악가들은 짚신나물을 삶은 물로 목을 축임으로써 성대를 회복시키기 위해 짚신나물 달인 물로 입안을 가셔 내곤 한다. 본초학에서는 짚신나물은 혈액응고작용이 탁월하여 옛날부터 각종 출혈 증상에 긴요히 두루 사용한다고 했다.

피오줌이 나온다든지 생리기간에 자궁출혈을 멈추는 데에 약용했다. 또한 강심, 위궤양, 설사, 구내염, 염증해소 등 기타 갖가지 병증에 효험이 있는 것으로 알려지고 있다.

항암제로서 다양하게 응용되고 있으며 기타 소화종양, 폐암, 식도암, 등에 효과가 있다는 임상 결과가 있다.

807

지치

- **생약명** : 자초(紫草) **채취부위** : 뿌리 **개화기** : 5~6월
- **약성** : 성질은 차고 맛은 달며 짜다.
- **효능** : 해독, 해열, 활혈, 강심

1) 식물의 생태

　　　　지치는 지치과의 여러해살이풀로서 건조한 풀밭이나 산지에서 자라며 지초(芝草), 자초 자근이라고도 한다. 높이는 30~70cm 정도이고, 뿌리는 땅속 깊이 뻗어 있으며 굵고 자주색이며, 줄기나 잎에는 거친 털이 있다. 꽃은 5~6월에 흰색으로 피고, 열매는 회백색의 분과(分果)이며 광택이 있고 이듬해 봄까지 달려 있어 겨울 산행 시 눈에 잘 띈다.

2) 채취시기 및 사용부위

가을부터 이듬해 봄 사이에 뿌리를 채취하여 흙이나 이물질을 제거한 후 살짝 씻거나 그대로 말려 약재로 쓰거나 꽃이 필 무렵 뿌리를 포함한 전초를 채취하여 말려 약으로 쓰기도 한다.

3) 효능 및 사용법

뿌리 말린 것을 자근(紫根)이라 하며, 한방에서는 해독, 해열, 종창, 화상, 동상, 습진, 물집 등에 사용한다.

민간에서는 불로약(不老藥)으로 사용한다. 옛날에는 자주색 염료 또는 식용색소로 사용하기도 하였다. 뿌리 달임약은 혈분의 열을 없애고 독성을 풀어 주며 혈액순환이 잘 이뤄지게 한다. 또 변비를 막아 주며 대변과 소변이 순조롭게 잘 나오도록 한다. 옛날에는 홍역의 예방 치료에 써 왔으나 지금은 화농성 질병에 주로 쓰고 있다.

잎과 줄기의 달임물은 피임작용이 있으며, 여성들의 갱년기 장애를 없애는 약재로 쓰인다. 말린 잎과 뿌리를 함께 빻은 가루를 참기름에 이겨 고약을 만들어서 온갖 피부질병에 바르면 효과가 있다. 화상, 피부염증, 동상, 곪는 상처, 만성습진, 여자의 외음부 가려움증과 습진, 악성종양에 두루 쓰이며 새 살을 빨리 돋게 한다.

백혈병, 간염, 황달에도 약용하는데 하루 10~15g을 약용한다. 민간에서는 지치뿌리 12g에 5g의 녹두를 함께 섞어 가루로 빻아서 월경이 있는 다음 날부터 한 번에 2g씩 하루 세 번, 9일간 계속 복용하면 거의 임신하지 않는다고 한다. 갖가지 세균을 억제하므로 식물성 항생제라고도 한다.

808

자귀나무

- **생약명** : 합환목(合歡木)　• **채취부위** : 껍질, 꽃　• **개화기** : 5~6월
- **약성** : 성질은 평하고 맛은 달다.
- **효능** : 항암, 이뇨, 천식, 진통

1) 식물의 생태

　　　　　자귀나무는 우리나라 황해 이남 지역에 자생하는 콩과의 낙엽 지는 소
교목이며 붉은 실타래를 풀어 놓은 듯한 꽃과 저녁마다 서로 맞붙어 잠을 자는 잎이
매우 인상적인 나무다. 한자로 합환목(合歡木), 야합수(夜合樹), 유정수(有情樹) 등
으로 부르며 이 나무를 집 앞에 심으면 가정이 화목해진다는 속설이 있어서 정원이
나 길가에 흔히 심는다. 여름철에 우산 모양으로 한 덩어리를 이룬 화려한 꽃이 피
었다가 10월에 콩깍지처럼 생긴 열매가 익으며 껍질을 합환피라 하여 민간과 한방

에서 약으로 흔히 쓴다.

2) 채취시기 및 사용부위
　　　　가을철에 껍질을 벗겨 흐르는 물에 5일쯤 담가 두었다가 약으로 쓰며 자귀나무는 햇볕에 말려야 약성이 살아난다. 꽃은 활짝 피기 전에 채취하여 말려서 약재로 쓴다.

3) 효능 및 사용법
　　　　자귀나무 껍질은 요통, 타박상, 어혈, 골절통, 근골통 등을 치료하는 훌륭한 약재다. 자귀나무 껍질은 물에 달여 먹어도 좋고 가루 내어 먹어도 좋다. 가루 내어 먹으면 요통, 타박상 어혈, 기생충증 등에 치료 효과가 높다. 자귀나무는 약성이 순하고 독성이 없으므로 오래 꾸준히 복용해야 제대로 효과를 볼 수 있다. 자귀나무 껍질은 종기나 습진, 짓무른 데, 타박상 등 피부병이나 외과질병 치료에도 효력이 있다. 자귀나무 꽃은 기관지염, 천식, 불면증, 임파선염, 폐렴 등의 치료에 효과가 훌륭하다.

　　말린 꽃을 먹을 때에는 물 1L에 꽃잎 한줌(20g)을 넣고 물이 반쯤 되게 달여서 그 물을 마신다. 술로 담글 때에는 자귀나무 꽃잎 분량의 3~4배쯤의 소주를 붓고 밀봉하여 어두운 곳에 3~6개월 두었다가 조금씩 따라 마신다.

　　자귀나무는 산중 수도자들이 즐겨 먹는 약이기도 하다. 정신을 맑게 하고 안정시키는 효과가 있다. 오래 복용하면 몸이 나는 듯이 가벼워지고 다리가 무쇠처럼 튼튼해지며 오랫동안 달려도 지치지 않는다. 독성이 없는 약이어서 아무리 오래 먹어도 탈이 나지 않는다.

809

진달래

- **생약명** : 두견화(杜鵑花)   • **채취부위** : 꽃, 줄기   • **개화기** : 4~5월
- **약성** : 성질은 차고 맛은 쓰다.
- **효능** : 고혈압, 이뇨, 이담, 소염

1) 식물의 생태

　　　　진달래과의 낙엽교목이며 진달래꽃, 두견화 또는 참꽃이라 한다. 전국의 산야에서 무리지어 자란다. 높이는 2~3m이고, 줄기 윗부분에서 많은 가지가 갈라지며 작은가지는 연한 갈색이고 비늘조각이 있다. 잎은 어긋나고 긴 타원모양의 바소꼴 또는 거꾸로 세운 바소꼴이며 길이가 4~7cm이고 양 끝이 좁으며 가장자리가 밋밋하다. 잎 표면에는 비늘 조각이 약간 있고, 뒷면에는 비늘 조각이 빽빽이 있으며 털이 없고, 잎자루는 길이가 6~10mm이다.

꽃은 4월에 잎보다 먼저 피고 가지 끝 부분의 곁눈에서 1개씩 나오지만 2~5개가 모여 달리기도 한다. 열매는 삭과이고 길이 2cm의 원통 모양이며 끝 부분에 암술대가 남아 있다.

2) 채취시기 및 사용부위

이른 봄 꽃이 피기 직전의 잔가지를 채취하여 잘게 썰어 햇볕이나 고열에 말려 약재로 쓰고 꽃은 활짝 피었을 때 채취하여 말려 약재로 쓰거나 생것 그대로 소주에 담가 약으로 쓰기도 한다.

3) 효능 및 사용법

꽃을 생으로 먹기도 하고, 화전(花煎)이나 두견주(杜鵑酒)의 재료가 된다. 꽃과 잔가지를 소주에 담가 냉암소에 보존해 숙성시킨 것을 두견주라고 하여 고려시대부터 대표적인 꽃술, 즉 화주로 알려져 있다. 진달래는 초기의 고혈압에 약효를 나타내며 이것을 조금씩 달여 마시면 혈관을 확장시키며 고혈압에 효험이 나타날 뿐만 아니라 가래를 삭이고 기침을 멈추게 하며 감기, 기관지염에도 좋다.

진달래 꽃술을 담가 마시면 관절염, 고혈압, 기관지염에도 효험이 있다.

꽃을 말려서 가루로 빻아 꿀과 쌀가루로 반죽해서 콩알 크기의 알약을 만들어 1회에 서너 개씩 식후에 복용하면 진달래술과 마찬가지의 약효를 볼 수 있다.

주의사항

진달래 술을 반드시 1개월 이상 숙성된 것을 먹어야 하며, 며칠 안 된 것을 먹으면 심한 현기증이 일어나 정신을 차리지 못할 정도로 어지러워질 수가 있다.

810

조각자나무

- **생약명** : 조협(皁狹) **채취부위** : 씨앗, 껍질 **개화기** : 6~7월
- **약성** : 성질은 따뜻하고 맛은 맵고 쓰다.
- **효능** : 소종, 살균, 거풍, 거습

1) 식물의 생태

　　　　　장미목 콩과의 낙엽교목이며 중국 원산이다. 가시는 큰 것은 길이 10cm 이상으로 방추형 비슷하다. 잎은 어긋나고 3~6쌍의 작은 잎으로 구성된 깃꼴겹잎이다. 작은 잎은 긴 타원형 또는 바소꼴로 양 끝이 좁으며, 꽃은 6월에 담황색으로 피고, 열매는 긴 껍질에 주렁주렁 매달린 모습이며 협과로 10월에 익는다.

　　뿌리껍질은 조협근피, 잎을 조협엽, 가시를 조각자, 열매속의 종자를 조협자라고 부르며, 모두 약용하며, 원줄기에만 굵고 긴 가시를 달고 있다. 아마도 줄기껍질(수피)를 뜯어 먹히지 않기 위한 보호수단으로 가시를 만들었다고 볼 수 있다.

2) 채취시기 및 사용부위

열매는 가을에 뿌리나 껍질은 가을부터 겨울까지 채취하여 말려 쓰고 가시는 아무때나 채취하여 말린 후 약재로 사용해도 된다.

3) 효능 및 사용법

가시를 조각자라고 하며 소종, 배농 등의 효능이 있어 각종 종기에 쓴다. 열매를 조협이라고 하며 거풍, 거습독, 살충의 효능이 있다.

종자를 조협자라고 하며, 윤조·변통·거풍·소종의 효능이 있다. 굵은 가시를 조각자라고 하며 소종·배농의 효능이 있고 위점막 자극작용과 호흡기 내의 점액 분비 촉진으로 거담작용이 있다. 가래, 해독, 변비, 종기, 간질, 폐결핵, 해수, 천식, 중풍, 한센병, 항균작용이 있다.

 주의사항

식물 전체에 독성이 있으며 사포닌 성분은 위점막을 부식시키므로 중독증상을 일으킨다. 항균작용이 있으며 과다복용하면 중추신경계통의 흥분과 마비로 사망하게 된다. 종자를 잘못 먹으면 2~3시간 이내에 심공부가 붓고 뜨거워지고 구역질, 구토가 나고 번조하게 되며 불안하게 된다. 10~12시간 후에는 거품이 나오는 설사, 현기증, 무기력, 사지의 마비 등 증상이 나타난다. 일반적으로 용저가 이미 터진 경우에는 복용하면 안 된다. 임산부도 이것을 복용하면 안 된다.

811

잔대

- **생약명** : 제니(濟泥)　　• **채취부위** : 뿌리　　• **개화기** : 8~9월
- **약성** : 성질은 차고 맛은 쓰다.
- **효능** : 산후풍, 여성질환, 해독, 피부미용

1) 식물의 생태

　　더덕과 잔대를 모두 사삼(沙蔘)이라고 혼동하여 부르고 있으나 필자는 잔대의 생약명을 "제니"라고 부르기로 했다. 전국의 산과 들판에서 자라며 초롱꽃과의 여러해살이풀이며 사삼(沙蔘), 딱주, 제니라고도 한다. 뿌리가 도라지 뿌리처럼 희고 굵으며 원줄기는 높이 40~120cm로서 전체적으로 잔털이 있다. 뿌리에서 나온 잎은 잎자루가 길고 거의 원형이나 꽃이 필 때는 말라 죽으며 가장자리에 톱니가 있다.

꽃은 7~9월에 피고 하늘색이며 원줄기 끝에서 돌려나는 가지 끝에 엉성한 원추꽃차례로 달린다. 열매는 삭과로서 위에 꽃받침이 달려 있고 능선 사이에서 터진다. 잔대의 종류는 약 50여 가지가 있다고 하나 크게 분류하면 세잎잔대, 네잎잔대, 둥근잎잔대, 가는잎잔대로 나눌 수 있으며, 또한 잎이 넓고 털이 많은 것을 털잔대, 꽃의 가지가 적게 갈라지고 꽃이 층층으로 달리는 것을 층층잔대라고 한다.

2) 채취시기 및 사용부위

잔대는 뿌리를 주 약재로 사용하지만 줄기를 포함한 전초를 채취하여 사용하기도 한다. 뿌리를 쓸 때는 가을부터 이듬해 봄 사이에 채취하여 깨끗이 씻은 다음 햇볕이나 고열에 말려 약으로 쓰고, 전초를 쓸 때는 꽃 필 무렵 채취하여 잘게 썰어 말려서 사용하기도 한다. 효소를 담글 때도 이때가 가장 좋다.

3) 효능 및 사용법

한방에서는 뿌리를 사삼이라고 하며 진해·거담·해열·강장·배농제로 사용한다. 잔대는 여성들의 질환인 자궁염, 생리불순, 자궁출혈, 산후풍 등 거의 모든 여성 질환에 효능이 좋으며, 산후풍으로 온몸의 뼈마디가 쑤시고 아플 때 늙은 호박의 속을 파내 버리고 그 안에 잔대를 가득 채워 넣고 푹 고아서 물만 짜내어 마시면 웬만한 산후풍은 치유가 된다. 또한 해독 효능이 뛰어나 뱀독, 농약독, 화학독, 중금속독 등 다양한 종류의 해독에 효능이 있다. 때문에 흡연에 의한 니코틴의 독을 푸는 것은 물론 음주로 인한 간의 독을 푸는 데도 좋다. 또한 스트레스로 인한 장의 독을 푸는 데도 좋으며 피부를 깨끗하고 부드럽게 해 주는 효능과 살결이 고와지고 비만을 억제하는 효능이 있다. 잔대는 예로부터 기혈을 보충해 주는 약초로 알려져 있으며, 면역력을 증강시켜 주는 효능이 있으며 각종 질병에는 물론, 몸이 야위는 것을 개선시켜 주는 효능이 탁월하다. 하루 10~15g을 물 1L에 넣어 달여서 먹거나 가루를 내어 먹는다. 또한 백출, 황기, 대추, 갈근을 넣어 달여 마시면 더욱 효과를 볼 수 있다.

812

딱총나무

- **생약명** : 접골목(接骨木)　　• **채취부위** : 열매, 줄기　　• **개화기** : 5~6월
- **약성** : 성질은 평하고 맛은 달고 쓰다.
- **효능** : 지통, 활혈, 이뇨, 소종

1) 식물의 생태

　　　　인동과에 딸린 잎 지는 떨기나무다. 딱총나무, 말오줌나무라고도 하며 이름 그대로 부러진 뼈를 붙이는 효능이 있다고 하여 접골목이라고 부른다.

　　줄기는 뿌리 부분에서 사방으로 뻗는다. 성장이 빠르고 새로 돋는 줄기는 녹색이다가 자라면서 다갈색으로 바뀐다. 줄기 가운데 굵고 부드러운 연한 갈색의 심이 있다.

　　4월 하순 무렵에 가지 끝에 연한 녹색을 띤 흰 꽃들이 모여서 핀다. 열매는 8~9월에 빨갛게 익는다. 닮은 식물인 넓은잎딱총나무, 지렁쿠나무, 덧나무 등도 똑같이 접골목이라 부르고 약으로 쓴다.

2) 채취시기 및 사용부위

　　　　　일 년 내내 줄기를 잘라 그늘에서 말려 잘게 썰어서 약으로 쓸 수 있으나 가을철 잎이 질 무렵에 줄기를 채취하여 사용하는 것이 약효가 더 좋다.

　열매나 잎을 사용할 때는 8월경 열매가 붉게 되었을 때 채취하여 말려 쓰는 것이 좋다.

3) 효능 및 사용법

　　　　　소변을 잘 나오게 하고, 혈액순환을 좋게 하며 통증을 멎게 하는 효능이 있다. 손발 삔 데, 타박상, 골절, 관절염, 신경통, 부종, 소변을 잘 못 보는 데, 통풍, 신장염, 신경쇠약, 구내염, 인후염, 산후빈혈, 황달 등의 여러 질병에 약으로 쓴다. 어린순을 나물로 먹을 수도 있다. 이른 봄철에 새순을 뜯어서 살짝 데쳐서 물로 가볍게 우려내어 무쳐 먹거나 밀가루 옷을 묻혀 튀겨서 먹는다.

　접골목은 타박상이나 어혈이 뭉쳐서 생기는 통증, 뼈마디가 쑤시고 아픈 데, 관절염, 각기, 통풍, 발목이나 손목 삔 데, 디스크, 뼈 부러진 데 등에 신통하다고 할 만큼 잘 듣는다.

　잘게 썰어 말린 것 30~60g에 물 한 되를 붓고 물이 반으로 줄어들 때까지 달여서 그 물을 하루 3번에 나누어 마신다. 자연약초 가운데서 통증을 멎게 하는 효력이 가장 빠른 것이 접골목이다.

813

제비꽃

- **생약명** : 지정(地丁)　• **채취부위** : 전초　• **개화기** : 3~4월
- **약성** : 성질은 차고 맛은 쓰고 맵다.
- **효능** : 해독, 억균, 소염, 해열

1) 식물의 생태

　　제비꽃과의 여러해살이풀이며 양지바른 언덕이나 들판에 주로 자생한다. 제비꽃의 종류는 다양하여 우리나라에 약 40여 종이 있다. 크게 분류하면 원줄기가 있으면 노랑제비꽃, 콩제비꽃, 졸방제비꽃, 그 외는 대부분 줄기가 없다. 원줄기가 없으면서 꽃 색이 보라색 계열로는 털제비꽃, 고깔제비꽃, 서울제비꽃 등이 있다. 키는 20cm 정도 자라고, 꽃은 4~5월에 보라색 또는 짙은 자주색, 흰색도 있다. 열매는 보리알같이 6월경에 익는데 열매 속에는 흑색의 작은 씨앗이 들어 있다. 종류에 관계없이 모두 약으로 쓴다.

2) 채취시기 및 사용부위

5~8월 열매가 성숙하면 뿌리를 포함한 전초를 채취하여 깨끗하게 손질하여 햇볕에 말려 약재로 쓰고 봄철 어린잎을 채취하여 나물로 먹어도 된다.

3) 효능 및 사용법

불면증이나 변비 만성간염 등에 쓴다.

열을 내리고 독을 풀며 갖가지 균을 죽이고 염증을 없애는 작용이 있다. 가래를 삭이며 소변을 잘 나오게 하며 불면증과 변비에도 효과가 있다.

봄철 나물로 먹을 때에는 밀가루 옷을 입혀 튀김을 만들기도 하고 살짝 데쳐서 무쳐 먹기도 한다. 다른 야채와 함께 샐러드로 먹을 수도 있으며 꽃잎을 모아 살짝 데쳐서 잘게 썰어 밥에 섞어 꽃밥을 만들어 먹을 수도 있다.

제비꽃은 생손을 앓을 때 날로 찧어 붙이면 신기할 만큼 잘 낫는다.

갖가지 염증, 연주창, 피부염, 종기 헌 데, 상처가 곪은 데 등에도 찧어 붙이거나 달여서 먹으면 잘 낫는다. 신선한 제비꽃 전초를 비벼서 그대로 아픈 부위에 붙이거나 즙을 내어 발라도 좋은 효과가 있다.

관절염에는 말린 제비꽃 100g과 말린 질경이 100g을 4~5L의 물에 넣어 약한 불로 반쯤 되게 달여서 그 물을 마시고 또 찜질을 한다.

불면증이나 변비에는 말린 뿌리 3~5g을 달여서 잠들기 30~40분 전에 마신다.

황달에는 말린 것은 15~30g, 날것으로는 60~90g을 달여서 수시로 차 대신 마신다. 약성종양을 치료하는 데도 쓴다. 성질이 차므로 제비꽃만을 쓰지 않고 겨우살이, 꾸지뽕나무, 느릅나무 뿌리껍질 등을 함께 달여 복용하는 것이 더 좋다.

814

조릿대

- **생약명** : 담죽엽(淡竹葉)　　• **채취부위** : 전초　　• **개화기** : 4~5월
- **약성** : 성질은 차고 맛은 달다.
- **효능** : 항암, 억균, 이뇨, 해열

1) 식물의 생태

　　　　　　벼목 화본과의 대나무이며 대나무 중에서 가장 키 작은 대나무다. 줄기는 곧게 서며 높이 1~2m, 지름 3~6mm이고 마디 사이는 역모(逆毛)와 흰 가루로 덮이지만 4년째 잎집 모양의 잎이 벗겨지면서 없어진다. 잎은 긴 타원상 바소꼴로 길이는 10~25cm이고 끝으로 갈수록 뾰족하거나 꼬리처럼 길다. 잎 양면에 털이 없거나 뒷면 밑동에 털이 있고 가장자리에 가시 같은 잔 톱니가 있으며 잎집에 털이 있다. 꽃은 4월에 피고 원추꽃차례로 달리며, 열매는 5~6월에 익지만 꽃이 피어 열매를 맺고 나면 대나무 군락 모두가 말라 죽고 다음 해에 다시 씨앗이 떨어져 싹이 나오게 된다. 꽃은 대개 수십 년 또는 수백 년 만에 한 번 피기 때문에 꽃을 보기는 어렵다.

2) 채취시기 및 사용부위

일 년 내내 잎을 채취하여 사용할 수가 있지만 4~5월경 채취하여 그늘에서 말려 사용하는 것이 약효가 더 좋다.

3) 효능 및 사용법

조릿대가 갖가지 난치병에 놀랄 만큼 효과가 있다는 사실을 아는 사람은 많지 않다. 조릿대는 인삼을 훨씬 능가한다고 할 만큼 놀라운 약성을 지닌 약초이다. 대나무 중에서 약성이 제일 강하여 조릿대 한 가지만 써서 당뇨병, 고혈압, 위염, 위궤양, 만성간염, 암 등의 난치병이 완치된 경우가 적지 않다. 조릿대에는 열을 내리고 독을 풀며, 가래를 없애고 소변을 잘 나오게 하며, 염증을 치료하고 암세포를 억제하는 등의 효과가 있다. 조릿대는 암세포를 억제하면서 정상세포에는 아무런 피해를 주지 않는다.

일본에서 실험한 것에 따르면 조릿대 추출물은 간복수, 암세포에 대해 100% 억제작용이 있었고, 잎은 방부작용을 하므로 떡을 싸 두면 며칠씩 두어도 상하지 않으며, 팥을 삶을 때에 조릿대 잎을 넣으면 빨리 익을 뿐 아니라 잘 상하지 않게 된다.

조릿대는 알칼리성이 강하므로 산성 체질을 알칼리성 체질로 바꾸는 데에도 큰 도움이 된다. 조릿대 잎과 줄기, 뿌리를 잘게 썰어 그늘에서 말렸다가 오래 달여서 마시는데, 오래 먹으면 체질이 바뀌어 허약한 체질이 건강하게 바뀐다.

성질이 차므로 몸이 찬 사람이나 혈압이 낮은 사람은 조금씩 먹는 것이 좋다.

815

줄풀

- **생약명** : 고장초(菰蔣草)　● **채취부위** : 지상부　● **개화기** : 8~9월
- **약성** : 성질은 차고 맛은 달다.
- **효능** : 건위, 해독, 이뇨, 피부미용

1) 식물의 생태

벼과에 딸린 여러해살이풀로 강 옆이나 연못, 방죽 같은 데에 무리지어 자란다. 잎은 갈대를 닮았는데 갈대보다 훨씬 넓고 키도 갈대보다 크다. 꽃은 8~9월에 싹이 올라와서 황록색 꽃이 피어 10월에 길이 2cm쯤 되고 길쭉하게 생긴 열매가 익는다. 열매는 옛날에 구황식품으로 먹었다. 서양에서는 줄풀의 열매를 야생쌀이라고 부른다. 한자로는 고미(菰米) 또는 교백자(狡白子), 고실(孤實) 등으로 부른다. 줄풀은 불가사의한 효력을 지닌 약초이다.

2) 채취시기 및 사용부위

뿌리와 잎 줄기 모두를 약재로 사용할 수가 있으며 5월경에는 뿌리와 새순을 채취하여 사용하고 7~8월에는 줄기를 채취하여 잘게 썰어 햇볕에 말린 다음 사용한다.

3) 효능 및 사용법

줄풀은 최고의 해독제이며 면역력을 높이는 최고의 약초이다.

잎과 뿌리를 그늘에 말렸다가 차로 끓여 마시면 거의 만병통치약이라 할 만큼 여러 질병에 효과가 있다. 당뇨병, 고혈압, 중풍, 심장병, 변비, 비만, 동맥경화 등 온갖 질병에 효과가 있을 뿐 아니라 몸 안에 있는 온갖 독을 푼다. 특히 위와 장을 튼튼하게 한다. 잎과 뿌리, 줄기에는 단백질과 정유, 회분, 그리고 미량 원소가 많이 들어 있다.

줄풀 달인 물에 목욕을 하면 피부 깊숙이 숨어 있는 온갖 병균과 노폐물, 독소들이 몸 밖으로 빠져나와 몸이 날아갈 듯이 가뿐하게 될 뿐만 아니라 살결이 옥같이 고와지고 습진, 옴, 종기 따위의 온갖 피부병들이 낫는다.

농약 중독증이나 식중독, 술 중독, 화학약품 중독 같은 갖가지 중독에 줄풀 뿌리를 생즙을 내어 마시거나 달여서 마시면 신기하다 싶을 만큼 효과를 본다. 화상이나 동상에 달인 물로 씻으면 인체의 면역력을 키우는 데 효력이 크다. 성질이 찬 편이므로 소양체질에 좋고 소음이나 태음 체질인 사람은 꿀을 더하여 복용하는 것이 좋다.

816

진득찰

- **생약명** : 희첨(豨薟)　· **채취부위** : 전초　· **개화기** : 9~10월
- **약성** : 성질은 차고 맛은 쓰다.
- **효능** : 고혈압, 거습, 해독, 소종

1) 식물의 생태

　　전국 각처의 들이나 길가에 자라는 국화과의 한해살이풀이다. 가시는 없지만 꽃 전체에 끈적끈적한 털이 밀생해 있어 진득찰이라고 하며 돼지 냄새가 난다고 해서 "희첨"이라 한다. 줄기는 약간 모가 지고 곧게 서며 가지가 갈라진다. 잎은 마주 달리고 쭈그러져 있으나 계란형으로, 아래로 갈수록 커지고 밑은 쇄기 모양이다. 9~10월에 황색의 꽃이 피며, 11월경에 긴 타원형의 열매가 익으며 떨어져 나가 다른 것에 붙어 종자를 번식시킨다.

2) 채취시기 및 사용부위

　　　　전초를 꽃이 피기 시작할 무렵에 채취하여 잘게 썰어 그늘에서 말린
후 약재로 쓰고, 효소를 담글 땐 그대로 씻어 잘게 썰어 생강, 감초, 대추를 첨가하
여 설탕과 버무려 담근다.

3) 효능 및 사용법

　　　　동물실험에서는 관절염에 대해 항염증작용이 있다고 했다. 팔다리의
근육이 굳어져 감각이 없는 증세, 습한 곳에 기거함으로써 일어나는 뼈마디가 저리
고 아픈 병, 허리와 무릎이 냉하고 아프거나 힘이 없는 증세, 중풍으로 말을 잘 못
할 때, 원인 모르게 팔다리를 쓰지 못하는 증세에 진득찰을 달여 마시면 천천히 풀
려 정상으로 돌아온다. 좌골신경통과 고혈압에는 이 약재를 하루 10~15g을 달여
서 차 마시듯이 하면 효력이 생긴다.

　　소주에 담가 3개월쯤 숙성시켰다가 하루 두 번 조금씩 계속 마시면 근육과 뼈를
튼튼히 하는 효능·효험이 있다. 또한 여러 가지 중독증과 중풍을 풀어 주는 효험
이 있으며, 그 외에 류머티즘성 관절염, 간염, 황달, 반신불수, 안면신경마비에도
치료약으로 써 왔다.

　　민간에서는 뱀독, 벌레독, 악창독을 가라앉히기 위해 잎의 생즙을 내어 바르곤 했
다. 반신불수와 안면신경마비의 치료약, 중독증을 풀어 주며, 중풍에 효험이 있다.

901

초피나무

- **생약명** : 화초(花椒)   • **채취부위** : 열매   • **개화기** : 8~9월
- **약성** : 성질은 따뜻하고 맛은 맵다.
- **효능** : 향신료, 구충, 진통, 해독

1) 식물의 생태

　　　　운향과의 낙엽관목이며 산 중턱 및 산골짜기에서 자란다. 높이는
3~5m 정도이다. 잎은 어긋나고 홀수 1회 깃꼴겹잎이다. 꽃은 황록색으로 8~9월
에 피고, 열매는 10월에 붉게 익으며 검은 종자가 나온다. 어린잎을 식용, 열매를
약용 또는 향미료(香味料)로 사용하고, 열매의 껍질은 향신료로 쓴다. 경상도에서
는 이것을 갈아 '추어탕'을 끓일 때 미꾸라지의 비린내를 없애는 데 사용한다. 매콤
한 맛과 톡 쏘는 향이 특징인데 우리나라보다 일본에서 더 많이 사용된다. 조피, 재

피, 지피, 천초, 남초, 진초, 산초, 파초, 촉초 등 이름이 많다.

2) 채취시기 및 사용부위

10월경 열매가 완전히 익기 전에 채취하여 햇볕에 말리면 벌어져 속에 금은색의 씨가 나오는데 씨는 버리고 껍질을 사용한다.

꽃이 한창 피었을 때 꽃과 잎을 채취하여 말려 약재로 쓰기도 하며, 산야초 효소 재료로 이용해도 좋다.

3) 효능 및 사용법

몸을 따뜻하게 하고 추위를 안 타게 하는 효험이 있다. 양념으로 늘 먹으면 온갖 병을 예방하며, 열매 껍질을 향신료와 약으로 쓰고, 씨앗이나 어린잎, 나무줄기도 여러 용도로 쓴다.

우리나라에서 추어탕에 넣어 먹고 김치를 시지 않게 하기 위해 넣고, 껍질로는 물고기를 잡는 데에 써 왔을 뿐인 초피가 요즘 후추와 겨자를 능가하는 세계 제일의 천연 향신료이자 에이즈 균까지 죽일 수 있다는 훌륭한 약재로 세계적인 각광을 받고 있다. 초피 열매는 한방에서 해독, 구충, 진통, 건위약으로 많이 쓴다.

초피나무 열매 껍질을 베개 속에 넣고 자면 두통이나 불면증에 신기할 정도로 효과가 있다. 또 여름철에 잎이 붙은 연한 가지를 잘라 그늘에서 말렸다가 가루 내어 계란 흰자위와 밀가루를 섞어 이겨서 화장 크림처럼 만들어 동상, 타박상, 요통, 근육통, 종기 등에 바르면 효과가 신통하다(산초나무도 같은 효과).

초피는 성질이 뜨거우므로 속을 따뜻하게 하고 기를 내리며 양기를 돕고 소화가 잘되게 하는 등의 약리작용이 있다.

주로 열매의 씨앗을 빼고 열매의 껍질을 갈아 식용으로 쓴다.

902

칠해목

- **생약명** : 등롱과(橙籠果) ・ **채취부위** : 뿌리 ・ **개화기** : 5~6월
- **약성** : 성질은 차고 맛은 달며 짜다.
- **효능** : 해독, 해열, 소종, 중독

1) 식물의 생태

　　　　장미목범의귀과 낙엽관목이며 가마귀밥여름나무, 가마귀밥나무, 까마귀밥여름나무라고도 한다. 산지 계곡의 나무 밑에서 자라며 높이는 1~1.5m이다. 가지에 가시가 없으며, 나무껍질은 검은 홍자색 또는 녹색이다. 잎은 어긋나고 둥글며 길이 5~10cm로 3~5개로 갈라지고 뭉툭한 톱니가 있다. 꽃은 4~5월에 노란색으로 피고, 열매는 장과로 9~10월에 붉게 익으며 쓴맛이 난다.

2) 채취시기 및 사용부위

여름철 잎이 무성할 때 잔가지와 잎을 채취하여 짓찧어 사용하거나 잔가지와 잎을 채취하여 잘게 썰어 달여서 그 물을 복용한다.

3) 효능 및 사용법

자연에는 모든 질병을 고칠 수 있는 약이 있다. 옻나무를 만지거나 몸에 닿으면 옻이 오르는 사람이 많다. 몸에 열이 많으며 혈액형이 O형이고 소양체질인 사람이 옻을 심하게 탄다. 이러한 경우 민간요법으로 쌀을 씹어서 바르거나, 날달걀을 깨어서 바르거나, 밤나무 삶은 물을 바르거나, 백반을 녹여서 바르거나 하는 방법들이 있다. 웬만한 증상은 이런 방법으로 효과를 볼 수 있지만 옻이 온몸에 올라 퉁퉁 붓고, 진물이 흐르고 몹시 가렵고 고통스러울 때에는 어떤 치료법을 써도 잘 낫지 않게 된다. 이럴 땐 칠해목 잎과 줄기 200g을 생으로 잘게 썰어 따뜻한 물 4L에 2시간쯤 담가 두었다가 천천히 불을 때면서 물이 반으로 줄어들 때까지 달인다. 이렇게 달이면 진한 맥주 빛깔이 나는데 이것을 천으로 걸러서 한 번에 100mL씩 하루 3번 마신다. 증상이 가벼운 사람은 2~3일, 심한 사람은 3~7일 동안 복용한다. 칠해목 달인 물을 복용하면 첫날부터 염증이나 화끈화끈하고 가려운 증상, 부종 등이 없어지고 살갗이 꾸득꾸득하게 마르면서 깨끗하게 낫는다. 부작용과 독성이 없으며 100% 완치된다. 다른 치료법보다 효과가 두 배 이상 빠르며 가장 안전하고 확실한 치료법이다. 벌레 물린 데나 뱀독에는 생즙을 짓찧어 바른다.

903

참나리

- **생약명** : 백합(百合)　　• **채취부위** : 뿌리　　• **개화기** : 7∼8월
- **약성** : 성질은 평하고 맛은 달며 쓰다.
- **효능** : 진해, 윤폐, 안신, 강장

1) 식물의 생태

　　참나리는 백합과의 여러해살이풀이며 산과 들에 널리 분포하고 있다. 열매가 맺기는 하나 씨앗이 발아되지 않는 것이 특징이다. 줄기와 잎겨드랑이에 콩알만 한 점의 자주색의 주아(珠芽)가 각각 열리고 여름에 이것이 땅에 떨어져 싹이 나면 한 포기의 참나리가 된다. 참나리의 줄기는 자주색이 도는데 점이 있으며 다 자라기 전엔 흰 털로 덮여 있다. 잎은 어긋나며 빽빽이 많이 달린다. 꽃은 7∼8월에 짙은 황적색 꽃이 피며 가지 끝과 원줄기 끝에서 밑을 향해 달린다.

화피의 갈래는 넓은 피침형으로서 황적색 바탕에 흑자색 점이 있고 뒤로 갈린다.

2) 채취시기 및 사용부위

뿌리는 가을에 채취하여 깨끗이 씻어 인편을 끓는 물에 잠깐 담갔다가 건져 내거나 살짝 쪄서 불에 쬐거나 햇볕에 말린다.

약재는 살이 두껍고 질이 단단하고 백색이며 맛이 쓴 것이 우량품이다.

3) 효능 및 사용법

백합은 약성이 온화한 생진, 지해제로서 해수나 폐허로 인한 만성적인 해수의 건해, 무담 등의 증상에도 사용된다. 한방에서는 참나리를 백합이라 부른다.

윤폐작용을 증강시키기 위해 꿀로 법제를 하는데 그 방법은 다음과 같다. 일정량의 꿀을 약간 달 정도로 물로 희석한 후 백합 뿌리에 골고루 뿌려 잘 스며들게 한후 밀폐시켜 솥에 넣고 약한 불로 볶는다. 표면이 누릇누릇하고 광택이 좀 나면서 손에 끈적거리지 않을 정도가 되면 꺼내어 그늘에서 식힌다. 부종, 노창, 비만, 한열, 전신두통, 유즙불통, 후비를 치료한다. 눈물과 콧물을 멈춘다고 한다. 주로 어린순과 부드러운 잎, 주아 그리고 땅속의 비늘 줄기를 나물로 먹거나 밥에 섞어 먹거나 볶아서 먹거나 국에 넣어 먹는다. 폐암에는 백합, 생지황, 금은화, 사삼, 천문동, 맥문동, 백모근, 황금 등을 달여 복용한다.

904

천문동

- **생약명** : 천문동(天門冬)　　**채취부위** : 뿌리　　**개화기** : 5~6월
- **약성** : 성질은 차고 맛은 달며 쓰다.
- **효능** : 자음, 청폐, 활혈, 항암

1) 식물의 생태

　　천문동(天門冬)이라는 이름은 하늘의 문을 열어 주는 겨울약초라는 뜻으로 우리나라 남부지방의 바닷가 산기슭에서 자라는 백합과의 여러해살이풀이다. 뿌리줄기는 짧고 양끝이 뾰족한 원기둥 모양의 많은 뿌리가 사방으로 퍼진다. 줄기의 밑부분은 달걀 모양의 비늘 조각이 있다. 줄기는 녹색으로 길이 1~2m에 달하며 덩굴성이고 잎같이 생긴 가지는 1~3개씩 모여 달리며 활처럼 굽는다.

　　꽃은 연한 황색이며 5~6월에 피고 열매는 장과(漿果)로 둥글고 지름 6mm 정도이며 흰빛으로 성숙하고 검은 종자가 1개 들어 있다.

2) 채취시기 및 사용부위

뿌리를 약재로 사용하며 가을에 잎이 노랗게 물든 후부터 이른봄 사이에 뿌리를 굴채하여 사용한다.

3) 효능 및 사용법

몸이 가벼워지고 정신이 맑아져서, 즉 신선처럼 되어서 하늘로 오를 수 있게 한다는 약초가 바로 천문동이다.

천문동 뿌리는 끈적끈적한 점액질이 많아 잘 마르지 않고 가루로 만들기가 어렵다. 가루로 만들려면 쪄서 말리기를 서너 번 반복한 다음에 가루를 내야 한다. 이렇게 만든 가루를 한 번에 4~5g씩 하루 세 번 복용하면 모든 질병이 물러가고 기운이 나며 오래 살 수 있게 된다. 여러 가지 풍습으로 갑자기 몸 한쪽에 감각이 없는 것을 치료하며 골수를 보충해 준다. 또한 배 속의 벌레를 죽이고 폐를 튼튼하게 하며 한열(寒熱)을 없앤다. 그리고 살결을 곱게 하고 기운이 솟아나게 하며 소변이 잘 나오게 한다. 기침이나 천식으로 숨이 몹시 찬 것, 폐옹(肺癰)으로 고름을 토하는 것 등을 치료하고 열을 내리고 신기(身氣)를 통하게 한다. 또한 음을 낮게 하고 갈증을 멈추며 중풍을 치료한다. 지황을 같이 쓰면 늙지 않고 머리카락도 희어지지 않는다. 항암작용도 높다. 임파성 및 골수성 백혈병에 일정한 치료작용을 하며 유방암, 폐암, 위암, 간암 등에 보조 치료제로 쓴다.

905

칡

- **생약명** : 갈근(葛根)   • **채취부위** : 전초   • **개화기** : 8~9월
- **약성** : 성질은 차갑고 맛은 달다.
- **효능** : 해열, 지사, 진통, 강정

1) 식물의 생태

　　칡은 콩과에 딸린 여러해살이 덩굴나무로서 다른 나무를 감고 올라간다. 8~9월에 좋은 향기가 나는 보라색 꽃이 피어 가을철에 꼬투리 열매가 익는다. 씨앗은 녹색이고 날것을 씹으면 비린내가 나는데 이것을 "갈곡"이라고 한다.

2) 채취시기 및 사용부위

봄철 어린순으로 나물을 해 먹기도 하고 길게 뻗어 나가는 새순을 꺽어다 말려 약재로 쓰는데 이것을 "갈용"이라고 한다.

꽃을 "갈화"라고 하며, 한창 피었을 때 채취하여 말려 약재로 쓰거나 그대로 갈화 효소를 담그기도 한다. 뿌리는 가을부터 봄 사이에 채취하여 사용한다.

3) 효능 및 사용법

뿌리는 굵고 살이 쪘으며 녹말이 많이 들어 있다. 녹말을 뽑아내어 국수나 떡을 만들어 먹고, 줄기에서 섬유질을 뽑아내어 청올치라 하여 갈포의 원료로 쓴다.

칡은 생명력이 몹시 질긴 식물이다.

쌀과 섞어 칡밥을 지어서도 먹는다. 뿌리에서 즙을 짜서도 먹고 잎을 말려 차로 만들기도 하며 어린순을 꺾어 말려서 "갈용"이라 하여 몸의 원기를 돋우는 약으로 쓰기도 한다. 뿌리는 감기, 머리 아픈 데, 땀이 잘 나지 않고 가슴이 답답하고 갈증이 나는 데, 당뇨병, 설사, 이질 등에 약으로 쓴다.

칡꽃은 열을 내리고 가래를 잘 나오게 하며 술독을 푸는 데 쓴다. 풍한으로 머리가 아픈 것을 낫게 하며, 땀이 나게 하여 술독을 푼다. 번갈을 멈추며 입맛을 좋게 하고 소화를 잘 되게 하며 가슴에 열을 없애고 소장을 잘 통하게 하며 쇠붙이에 다친 것을 낫게 한다. 술로 인해서 생긴 병이나 갈증에 쓰면 아주 좋다. 칡은 70%쯤이 물로 되어 있으나 그 밖에 당분, 섬유질, 단백질, 철분, 인, 비타민 등이 골고루 들어 있고 다이드제인, 다이드진 등 열을 내리고 머리 아픈 것을 낫게 하고 혈압을 낮추는 성분들이 들어 있다.

칡은 한 가지만으로도 당뇨병, 부종, 설사, 황달, 술독, 고혈압, 두통, 협심증 등에 좋은 효험을 보일 때가 많다. 칡뿌리는 성질이 차가우므로 몸이 찬 사람, 곧 소음체질이나 태음체질인 사람이 오래 복용하면 좋지 않다.

906

차조기

- **생약명** : 소엽(蘇葉)   • **채취부위** : 전초   • **개화기** : 8~9월
- **약성** : 성질은 따뜻하고 맛은 맵다.
- **효능** : 해독, 이뇨, 소염, 건위

1) 식물의 생태

       꿀풀과에 딸린 한해살이풀로 저절로 나서 자라기도 하고 밭에 심어 가꾸기도 한다. 줄기는 네모지고 잎이나 꽃 등이 들깨를 닮았지만 줄기와 잎이 보랏빛이 나는 것이 들깨와 다르다. 키는 30~80cm 정도이며, 꽃은 연자색으로 8~9월에 피고 독특한 향이 있다. 열매는 소견과로 10월에 익는데 두꺼운 껍질에 싸여 있는 작은 열매다.

2) 채취시기 및 사용부위

　　　　　잎이 보랏빛이 진한 것일수록 약효가 높고 잎 뒷면까지 보랏빛이 나는 것이 좋다. 잎에 자줏빛이 나지 않고 좋은 냄새가 나지 않는 것을 들차조기라 하여 약효가 훨씬 낮은 것으로 친다.

　여름철 잎이 무성할 때 전초를 채취하여 말려서 약으로 쓰거나, 생으로 식용이나 약용하기도 하며, 종자는 완전히 익은 것을 채취하여 사용한다.

3) 효능 및 사용법

　　　　　차조기 씨에서 기름을 짜는데 이 기름에는 강한 방부작용이 있어서 20g의 기름으로도 간장 180L를 완전히 썩지 않게 할 수 있다. 차조기 기름에는 좋은 향기가 있어서 과자 같은 식품의 향료로도 쓴다.

　차조기 씨앗 기름에 들어 있는 사소알데히드 안키티오슘이라는 성분은 설탕보다 무려 2,000배나 단맛이 강하다. 그러나 물에 풀리지 않고 열을 가하면 분해되며 독성이 있어서 많이 먹으면 안 된다. 차조기 잎은 향기가 좋아서 식욕을 돋우는 채소로 좋고, 여름철에 오이, 양배추로 만든 반찬이나 김치에 넣어 맛을 내는 데 쓴다. 차조기는 입맛을 돋우고 혈액순환을 좋게 하고, 땀을 잘 나게 하며, 염증을 없애고, 기침을 멈추며, 소화를 잘되게 하고 몸을 따뜻하게 하는 등의 효능이 있다.

　물고기의 독을 푸는 것으로도 이름 높다. 비타민 A, 비타민 C, 칼슘, 인, 철 등 미네랄이 많이 들어 있어 식욕증진, 이뇨, 해독, 정신안정, 무좀, 두통 등 여러 질병에 다양하게 쓸 수 있다. 이외에도 기침, 가래, 인후염, 소화불량, 부스럼, 불면증, 마비증세, 당뇨병, 요통 등의 여러 질병에 다양하게 쓸 수 있다.

907
참가시나무

- **생약명** : 상실(橡實) ・ **채취부위** : 전초 ・ **개화기** : 8~9월
- **약성** : 성질은 따뜻하고 맛은 떫다.
- **효능** : 이뇨, 결석 제거, 근골, 강정

1) 식물의 생태

　　　　　참나무과 상록교목이며 해변의 산기슭에서 자란다. 높이는 10m에 달하고 나무 껍질은 잿빛을 띤 검은색이며, 잎은 어긋나고 바소꼴 또는 긴 타원 모양이며 끝이 뾰족하며 윗부분 가장자리에 뾰족한 톱니가 있다. 잎 양면에 털이 있으나 점차 없어지고, 뒷면은 흰색을 띠고, 잎자루는 길이가 1cm이다. 꽃은 5월에 피고, 열매는 10월에 짙은 갈색으로 익는데 도토리나 상수리 따위가 열리는 나무를 아울러 참나무로 부르며, 겨울철에도 잎이 떨어지지 않는 상록성의 참나무를 가시나무라고 부른다. 종류로는 참가시나무, 돌가시나무, 북가시나무, 종가시나무 등이 가시 없는 가시나무들이다.

2) 채취시기 및 사용부위

잎과 잔가지를 봄이나 여름철에 채취하여 깨끗하게 씻어 잘게 썬 다음 쪄서 그늘에서 말려 약으로 쓰고 열매는 익은 것을 채취하여 껍질을 벗겨내고 갈아서 묵을 해 먹기도 한다.

3) 효능 및 사용법

참가시나무 잎은 담석과 신장 결석을 녹여 없애는 데 특이한 효과가 있다. 잎을 달여서 차처럼 마시면 몸 안에 있는 돌이 녹아서 없어지거나 오줌으로 빠져나온다. 별 통증 없이 몸속의 돌을 없앨 수 있다. 잎뿐 아니라 잔가지나 껍질도 같은 효과가 있다. 하루 50~70g을 1L의 물에 넣고 물이 1/3이 될 때까지 달여서 하루 세 번 밥 먹고 나서 마신다. 병꽃풀을 더해 쓰면 더욱 효과가 빠르다.

몸속의 돌을 녹여 없앨 뿐 아니라 콜레스테롤 수치를 낮추고 소변을 잘 나가게 하고, 가래를 삭이며, 기침을 멈추고 염증을 없애며, 신장의 기능을 튼튼하게 하여 정력을 세게 하는 등의 효능이 있다.

908

천궁

- **생약명** : 천궁(川芎)　• **채취부위** : 뿌리　• **개화기** : 8~9월
- **약성** : 성질은 따뜻하고 맛은 달다.
- **효능** : 보혈, 활혈, 진통, 진정

1) 식물의 생태

　　　　중국 원산이며 미나리과의 여러해살이풀로서 높이는 30~60cm이며 속이 비어 있고 가지가 다소 갈라진다. 잎은 어긋나고 깃꼴겹잎이며 갈래조각은 달걀 모양의 바소꼴이고 다소 깊은 톱니가 있다. 뿌리잎과 밑부분의 잎은 긴 잎자루가 있고 밑부분이 잎집으로 되어 줄기를 감싼다. 꽃은 8~9월에 피고 흰색이며 복산형꽃차례를 이룬다. 열매는 열리지만 성숙하지 않는다. 땅속에 있는 마디 사이는 길이 5~10cm, 지름 3~5cm의 덩어리처럼 생기고 강한 향기가 있다.

2) 채취시기 및 사용부위

　　　　　천궁은 뿌리를 약용하며 음력 3월부터 9월 사이에 채취하여 잘 씻어서 물에 담근 후에 살짝 끓인 후 뜨는 기름을 제거하고 말려 쓰거나, 술을 부어서 적신 후에 약한 불에 살짝 볶아서 황갈색이 되면 꺼내어 말려서 쓴다.

3) 효능 및 사용법

　　　　　한방에서는 보혈, 활혈, 청혈제로 부인병에 많이 쓰는 대표적인 약재이다. 천궁이란 중국 쓰촨성의 궁궁이라는 뜻이다. 진통, 진정제로도 효과가 우수하여 두통, 어지럼증, 빈혈 등에 쓰고 강장약으로도 효과가 뛰어나다.

　　천궁은 혈액순환을 활발하게 하는 약으로 체내에 있는 악혈을 빨리 운반해서 없애고, 강한 살균작용으로 외과질환도 빨리 치유하며, 자궁수축 작용으로 산후에 피를 멎게 한다. 민간요법으로는 티눈이나 사마귀를 없애는 데 천궁을 2~3mm 정도 썰어서 붙여 두면 말끔히 없어진다. 치질에도 이와 같이 하면 효과가 있다.

　　두통에는 쌀뜨물에 담갔다가 말린 것을 가루 내어 꿀과 4:6 비율로 재웠다가 6~8g씩 하루 세 번 먹는다. 어지러우면서 머리가 아픈 신경쇠약증으로 오는 두통에도 좋다.

　　천궁, 천마를 같은 양으로 만들어 먹어도 좋다. 월경 과소증에는 천궁을 쌀뜨물에 하룻밤 담갔다가 말려 가루 내어 한 번에 8g씩 식전에 물에 타서 먹는다.

　　협심증에는 천궁, 잇꽃을 각 10~15g을 달여 하루 2~3번 나누어 식후에 먹는다. 축농증에는 연근의 마디와 천궁을 약한 불로 말려 만든 가루를 한 번에 7g씩 매일 식후에 미음이나 끓인 물로 계속 먹는다.

1001

하눌타리

- **생약명** : 과루(瓜蔞)　　• **채취부위** : 열매, 뿌리　　• **개화기** : 7~8월
- **약성** : 성질은 차고 맛은 쓰다.
- **효능** : 항암작용, 소염, 진해, 거담

1) 식물의 생태

　　　　하눌타리는 우리나라 중부 이남의 산기슭에 흔히 자라는 박과에 딸린 덩굴성 식물이며, 가장 많이 자생하는 지역이 제주도이다.

　가을에 참외보다 좀 작은 타원꼴 열매가 황금빛으로 익어 그 이듬해 봄까지 줄기에 대롱대롱 매달려 있는 모습을 볼 수가 있다. 몇 개부터 수십 개씩 달린 것도 있으며 노랗게 익은 주먹만 한 열매와 이 덩굴의 땅속에 있는 뿌리를 약으로 쓰고 뿌리가 큰 것은 사람의 몸통만 한 것도 있다.

잎은 어긋나며 잎자루가 길고 덩굴손이 3갈래로 갈라진다. 7~8월에 박꽃과 비슷한 백색 꽃이 피며, 뿌리는 굵고 줄기는 가늘다.

2) 채취시기 및 사용부위

한방에서는 뿌리를 천화분(天花粉), 열매를 과루(瓜蔞)라 하며 가을에 열매가 누렇게 익었을 때 따서 그늘에서 말려 약재로 쓰고, 뿌리는 가을부터 봄 사이에 채취하여 잘게 썰어 말려서 약재로 사용한다.

3) 효능 및 사용법

항암효과 외에 가래를 삭이고 대변을 잘 나가게 하는 등의 약리효과가 높은 약초로 활용된다. 하눌타리 열매의 항암작용은 씨앗보다 열매껍질이 더 세다.

뿌리는 부작용이 없는 훌륭한 암치료약이다. 뿌리에 들어 있는 약효성분은 암세포에 달라붙어 암세포의 호흡을 막아서 암세포가 괴사하게 한다.

중국에서는 유선암, 식도암 등에 하눌타리 뿌리를 써서 좋은 효과를 보았다고 하며, 북한에서도 흰쥐의 겨드랑이 밑에 암세포를 이식하고 하눌타리 뿌리추출물을 투여하였더니 암세포가 12~45% 억제되었다고 하였다.

담열로 기침이 나는 데, 흉비, 결흉, 폐위, 소갈, 황달, 변비, 부스럼 초기에 쓴다. 하루 12~30g을 달여 먹거나 즙을 내어 먹는다. 외용으로 쓸 때는 짓찧어 붙인다. 비위가 허한하고 대변이 묽으며 한습담이 있을 때는 쓰지 않는다.

열매껍질은 폐렴, 이질, 황달, 콩팥염, 요로감염, 기관지염, 편도염, 젖앓이, 부스럼 등에 쓰고 하눌타리 줄기와 잎은 더위를 먹고 열이 나는 데 쓴다.

1002

한련초

- **생약명** : 예장초(鱧腸草)　　• **채취부위** : 전초　　• **개화기** : 8~9월
- **약성** : 성질은 평하고 맛은 달고 시다.
- **효능** : 흑모, 강정, 보혈, 지혈

1) 식물의 생태

　　　　국화과의 한해살이풀로서 논둑이나 습지에서 자란다. 꽃은 8~9월에 피고, 열매는 검은색으로 익는데, 키는 20~60cm 정도이고, 전체에 센 가시가 있으며, 잎은 서로 마주 나고 잎자루가 매우 짧다. 꽃은 백색으로 8~9월에 가지 끝에 1개씩 달린다. 열매는 수과로서 9~10월에 검은색으로 익는다.

　예장초, 묵한련, 묵두초, 묵초, 묵채, 묵연초, 한련출, 하련초 등의 여러 이름이 있는데 이는 모두 먹처럼 까만 즙이 나온다고 해서 붙은 이름이다.

2) 채취시기 및 사용부위

개화기에 전초를 채취해서 잘 씻은 다음 말려서 약재로 쓰거나 생것을 그대로 짓찧어 쓰기도 한다.

3) 효능 및 사용법

풀 전체를 약재로 쓰고 민간에서 지혈제로 사용하며, 특히 혈분 치료에 쓰고 있다.

한련초는 잎이나 줄기를 꺾으면 맑은 빛이 나는 진액이 흘러나와 30초쯤 지나면 까맣게 바뀐다. 한련초는 희어진 머리를 검게 하고 수염을 잘 자라게 하는 약초로 이름이 높다.

한련초를 꺾으면 까만 즙액이 나오고, 또 줄기나 잎을 물에 담갔다가 손으로 비비면 까맣게 바뀌므로 옛사람들은 이 식물을 달인 물로 머리를 감으면 머리카락이 검어지고 숱이 많아질 것이라고 생각했다. 실제로 한련초 즙이나 진하게 달인 물을 먹거나 머리카락이나 수염, 눈썹 등에 바르면 머리카락이나 수염이 빨리 자랄 뿐만 아니라 빛깔도 검어지며 숱도 많아진다.

한련초는 남성의 양기 부족, 음위, 조루, 발기 부전 등 갖가지 남성질환을 치료하는 데 효력이 탁월하다.

보음, 보정작용이 뛰어나서 오래 먹으면 뼈와 근육이 튼튼해지고 몸이 날아갈 듯 가벼워지며 무병장수한다. 양기 부족이나 음위증을 고치는 데에 으뜸가는 약초라고 할 만하다.

양기를 세게 할 뿐만 아니라 신장기능이 허약해서 생긴 요통, 오줌이 뜨물처럼 허옇고 걸쭉하게 나오는 증상, 사타구니가 축축하고 가려운 증상 등에도 효과가 좋으며, 여성의 자궁염이나 생리불순, 생리통, 냉증, 불감증에도 뛰어난 효력을 발휘한다.

1003

함초

- **생약명** : 함초(鹹草) **채취부위** : 전초 **개화기** : 8~9월
- **약성** : 성질은 차고 맛은 짜다.
- **효능** : 항암, 혈압조절, 다이어트, 고운 피부

1) 식물의 생태

함초는 명아주과의 한해살이풀이며 바닷가에서 자라며, 높이는 10~30cm이다. 줄기는 육질이고 원기둥 모양이며, 가지가 마주 달리고, 퇴화한 비늘잎이 마주 달리며, 마디가 튀어나오므로 퉁퉁마디라는 이름이 생겼다.

꽃은 8~9월에 녹색으로 피고 가지의 위쪽 마디 사이의 오목한 곳에 3개씩 달린다. 열매는 포과로서 납작한 달걀 모양이고 10월에 익는데, 화피로 싸이고 검은 종자가 들어 있다. 포기 전체가 녹색이며 가을에는 붉은빛을 띤 자주색이 된다. 중국

의 옛 의학책인 『신농초본경』에는 맛이 몹시 짜다고 하여 함초(鹹草), 염초(鹽草)라고 하였고, 또 몹시 희귀하고 신령스러운 풀로 여겨 신초(神草)라고도 적었다.

2) 채취시기 및 사용부위

4~5월 갓 돋아난 새싹을 채취한 것이 부드럽고 맛이 좋으며 한여름에 채취한 것은 약간 쓴맛이 난다. 전초를 채취하여 잘 손질한 다음 말려서 쓰거나 생것을 갈아 녹즙을 먹기도 한다.

3) 효능 및 사용법

함초는 맛이 몹시 짜되 여느 소금처럼 쓴맛이 나면서 짠 것이 아니라 단맛이 나면서 짜다. 짠 것을 먹으면 대개 목이 마르지만 함초에 들어 있는 소금은 많이 먹어도 갈증이 나지 않는다. 함초 속에 들어 있는 갖가지 미량원소와 효소가 숙변을 없애고 몸속의 지방질을 분해하여 몸 밖으로 내보내는 작용을 하는 것이다. 함초에 농축되어 있는 효소는 사람 몸속에서 작은 창자벽에 붙어 있는 끈적끈적한 노폐물인 숙변을 분해하여 몸 밖으로 내보내는 작용을 한다. 함초는 숙변을 분해하여 없앨 뿐 아니라 몸속에 있는 중성지방질을 분해하여 몸 밖으로 내보내어 비만증 치료에도 효과가 매우 크다. 함초가 갖가지 암, 축농증, 관절염, 고혈압, 저혈압, 요통, 비만증, 치질, 당뇨병, 갑상선염, 천식, 기관지염 등에 두루 뛰어난 효과가 있다고 했다. 함초는 먹는 화장품이라고 할 수 있을 만큼 피부미용에 효과가 탁월하다. 숙변이 없어지면 피부가 깨끗하게 되고 기미, 주근깨, 여드름, 여성의 생리불순 등에 탁월하다.

1004

할미꽃

- **생약명** : 백두옹(白頭翁) **채취부위** : 뿌리 **개화기** : 4~5월
- **약성** : 성질은 차고 맛은 쓰다.
- **효능** : 청열, 해독, 살균, 소종

1) 식물의 생태

할미꽃은 미나리아재비과의 여러해살이풀로서 뿌리는 길고 곧으며 암
갈색을 띤다. 4~5월에 꽃을 피우고 한자로는 백두옹(白頭翁)이라 쓴다. 곧 머리가
하얀 노인이라는 뜻인데, 이는 꽃이 지고 난 뒤의 열매가 흰 수염이 성성한 노인의
머리 모양을 닮았다고 해서 붙은 이름이다. 뿌리는 비대한 편이며, 잎자루는 길고
5개의 소엽이 새의 깃 모양으로 되어 있다. 꽃은 4~5월에 피고 꽃대 끝에 한 개의
꽃이 머리를 아래로 숙이며 붉은 자주색이다. 열매는 수과이며 흰털이 모여 있다.

2) 채취시기 및 사용부위

　　　　　뿌리는 가을부터 봄 사이에 채취하여 깨끗이 씻은 다음 잘게 썰어 햇볕이나 고열에서 말려 약재로 쓴다.

3) 효능 및 사용법

　　　　　할미꽃은 복통에도 좋을 뿐만 아니라 두통, 부종, 이질, 심장병, 학질, 위염 등에 약으로 쓴다. 특히 뇌질환을 치료하는 데 신통한 효과가 있는 것으로 알려져 있다. 뿌리를 잘 법제해서 사용하면 뇌종양을 비롯해 갖가지 암을 고칠 수 있다.

　　　　　할미꽃 뿌리 40g에 물 1L를 붓고 달여서 절반쯤으로 줄어들면 꿀이나 설탕을 넣어 한 번에 15g씩 하루 세 번 밥 먹기 전에 마신다. 이 방법은 뒷목이 당기고 아프며 뒷목 밑에 군살이 생긴 데에 특효가 있다.

　　　　　몸이 붓는 데에는 할미꽃 잎 500g을 물 3L에 넣고 절반이 되게 달여서 그 달인 물과 찹쌀밥 한 그릇을 단지에 넣고 뚜껑을 덮어 10일쯤 두면 술이 된다. 이 술을 한 번에 한 잔씩 하루 세 번 밥 먹기 전에 먹는다. 부종, 두통, 뼈마디가 쑤시고 아픈 데, 설사, 위염, 위궤양, 위암 같은 여러 질병에 두루 좋은 효과가 있다. 머리가 빠질 때에는 할미꽃 속에 있는 노란 꽃가루를 따서 피마자기름에 개어 바른다. 만성위염에는 뿌리를 깨끗이 씻어 잘 말렸다가 가루 내어 한 번에 5~10g씩 하루 세 번 밥 먹고 나서 먹는다.

🐞 주의사항

뿌리는 독이 있으므로 절대로 많은 양을 한꺼번에 먹어서는 안된다. 또 임산부가 복용하면 낙태할 수가 있다. 옛날에 할미꽃 뿌리를 사약으로 쓰거나 음독자살할 때 달여먹기도 했다.

1005

화살나무

- **생약명** : 귀전우(鬼箭羽) **채취부위** : 열매, 줄기 **개화기** : 5~6월
- **약성** : 성질은 차고 맛은 쓰다.
- **효능** : 지혈, 통경, 어혈, 동맥경화

1) 식물의 생태

　　화살나무는 노박덩굴과에 속하는 잎이 지는 작은키나무이다. 잎은 마주 나며 타원형이고 잎 가장자리에 톱니가 있다. 꽃은 5월에 피고 황록색이며, 열매는 10월에 결실하며 적색으로 익고, 어린잎은 나물로 먹으며, 가지의 날개를 귀전우(鬼剪羽)라고 한다.

　　잔가지에 날개가 없는 것을 회잎나무, 잎의 뒷면에 털이 있는 것을 털화살나무,

회잎나무 중에서 잎에 털이 있는 것은 당회잎나무, 잎의 뒷면 맥 위에 돌기가 있고 열매 끝이 갈고리처럼 생긴 것을 삼방회잎나무라고 한다.

2) 채취시기 및 사용부위

봄철 어린순은 나물로 먹으며 가을에 잎이 질 무렵 줄기에 날개 모양으로 붙어 돋아난 코르크질만을 채취하든지, 코르크가 붙어 있는 잔가지 그대로를 꺾어다가 햇볕에 말려 약재로 쓴다.

3) 효능 및 사용법

한방에서는 지혈, 구어혈(驅瘀血), 통경에 사용한다. 이 화살나무는 여러 가지 부인병에 두루 쓰여 효과를 나타내고 있다. 코르크질이 붙은 잔가지는 산후의 출혈, 희불그레한 액체가 나오는 적백대하증, 산후의 어혈로 인한 복통, 여자의 배 속에 덩어리가 뭉쳐 생기는 병, 늘 있던 월경이 뚝 끊어진 증세, 월경이 시원치 않아 생기는 통증 등에 약용한다.

그 외에 멍든 피를 풀어 주고, 혈액순환을 돕고, 가래 끓는 기침을 가라앉히며, 동맥경화를 완화시키는 동시에 기생충으로 인한 보공과 여러 해충을 없애는 구실을 한다. 하루에 6~9g을 달여 복용한다. 민간에서는 말린 열매를 빻은 가루를 기름에 이겨서 만든 고약을 진드기 피부병에 발랐다고 한다.

1006

호깨나무

- **생약명** : 지구목(枳椇木) • **채취부위** : 열매, 뿌리 • **개화기** : 6~7월
- **약성** : 성질은 차고 맛은 달다.
- **효능** : 해독, 항암작용, 간질환, 알코올중독

1) 식물의 생태

　　호깨나무는 갈매나무과에 속하는 낙엽이 지는 큰키나무이다. 높이는 15m 정도이고 지름은 1m 정도까지 자란다. 잎은 어긋나게 달리고 넓은 달걀형이 며 가장자리에 톱니가 있다. 꽃은 6~7월에 흰색으로 피며, 열매는 10~11월에 익 는데 둥글고 갈색이다. 단맛이 나고 자루는 울퉁불퉁하며 익으면 대궁이 커지면서 육질로 변해 산호 모양이 된다.

　　헛개나무, 호깨나무, 호리깨나무, 목산호, 현포리 등의 여러 이름이 있으며 열매

를 지구자, 뿌리를 지구근, 잎을 지구엽이라고 한다.

2) 채취시기 및 사용부위

　　　　주 약재로 뿌리와 열매를 사용하고 있으며, 뿌리는 가을에 잎이 지고 난 다음에 채취하여 껍질을 벗겨 잘 손질한 다음 햇볕에 말려 사용한다. 잔가지와 잎도 약재로 사용하는데, 잔가지와 잎은 꽃이 필 무렵 채취하여 그늘에서 말려 사용하는 것이 약효가 좋으며, 열매는 완전히 익은 것을 채취하여 햇볕에 말려 사용한다.

3) 효능 및 사용법

　　　　열매는 단맛이 나고 씨앗은 멧대추 씨와 비슷하다.

　　호깨나무 달인 물이나 이 나무의 열매즙을 몇 방울 술에 넣으면 금방 술이 묽어진다.

　　술을 마시고 나서 구토가 나고 목이 마르며 머리가 아프고 어지러울 때 호깨나무를 달인 차를 한 잔 마시면 신기하다 싶을 정도로 빨리 깬다.

　　술로 인한 황달이나 간경화, 지방간 등 갖가지 간질환이나 만성 관절염에는 호깨나무만을 쓰는 것도 좋지만 유황을 먹여 키운 오리, 율무, 팥, 띠 뿌리 등을 더하여 사용하면 효과가 더 좋다.

　　호깨나무의 약리 효능으로는 열매에서 추출한 활성화학 물질이 숙취해소, 주독해소, 구취 제거, 알코올성 간염, 지방간, 간경화, 특히 항암효과, 혈압조절, 혈당강하, 간 해독, 변비에 탁월한 효과가 있다.

🐞 **주의사항**

열매 끝 부분에 달린 갈색의 씨앗은 독성이 있으므로 사용하지 않는다.

1007

환삼덩굴

- **생약명** : 율초(律草)　　• **채취부위** : 전초　　• **개화기** : 7~8월
- **약성** : 성질은 차고 맛은 달고 쓰다.
- **효능** : 고혈압, 이뇨, 목감기, 방광염

1) 식물의 생태

　　환삼덩굴은 삼과의 덩굴성 한해살이풀이다. 잎이 마주 나며 잎꼭지는 길고 달걀꼴이며 손바닥 모양으로 5~7개 갈라진다. 잎 조각은 긴 타원꼴로 뭉툭한 톱니가 있고, 암수딴그루로 꽃은 7~8월에 피고, 열매는 9~10월에 익는데 수과로서 작고 둥근 열매가 달린다. 줄기는 가을에 말라 죽지만 겨울에도 뿌리는 죽지 않으며 줄기에는 몹시 질기고 억센 잔가시가 많이 붙어 있어서 손이나 얼굴이 긁히면 몹시 가렵고 상처를 입는다.

원줄기와 잎자루에 밑을 향한 잔가시가 있어 아주 거칠며 농민들이 가장 힘들어 하는 잡초이다.

2) 채취시기 및 사용부위

꽃이 피기 시작하는 여름부터 가을 사이에 꽃을 포함한 잎과 줄기를 채취하여 잘 손질한 다음 잘게 썰어 햇볕에 말려 약재로 쓴다.

3) 효능 및 사용법

요도의 감염증, 방광염, 결석에는 달임약이나 생즙을 복용한다. 소화불량, 급성위장염, 설사증, 속 쓰리는 소화장애에도 약용한다. 그리고 미열, 식은땀, 초기의 고혈압, 가슴에 열이 나는 답답증, 폐결핵, 산후어혈, 학질 등에 하루 10~20g을 달여 마신다. 특히 감기로 목이 아플 때 말린 전초를 달여 복용하면 신기할 만큼 잘 낫기 때문에 필자는 겨울 감기 상비약으로 집에 상시 말려 두고 있다.

수면장애와 정서긴장, 흥분증이 있는 정신분열증 환자에게 쓴다. 환삼덩굴을 그늘에서 말린 것 20g을 물로 달여 200mL가 되게 한 다음 하루 3번에 나누어 빈속에 먹는다. 90% 이상이 잠을 편안하게 잘 수 있게 되고, 흥분 증상은 60~70% 없어지며, 긴장 증세도 60~70% 없어진다.

고혈압에는 말려 가루 내어 한 번에 9~12g을 3번에 나누어 식전에 먹는다. 약을 복용한 지 2~3일 뒤부터 혈압이 내리기 시작하여 한 달쯤 지나면 고혈압으로 인한 여러 증상들이 대부분 없어지고 혈압도 정상이나 정상에 가깝게 내린다.

폐렴에는 신선한 환삼덩굴의 전초를 하루 40~50g씩 물로 달여서 2~3번에 나누어 먹는다.

1008

회화나무

- **생약명** : 괴각(乖角)　　• **채취부위** : 열매, 꽃　　• **개화기** : 7~8월
- **약성** : 성질은 차고 맛은 쓰다.
- **효능** : 지혈, 진정, 소염, 고혈압

1) 식물의 생태

　　회화목(懷花木), 회나무, 홰나무, 괴화나무, 괴목, 괴수 등으로도 부르는 잎 지는 큰키나무이다. 꽃은 8월에 연한 황색으로 피고, 종자가 들어 있는 사이가 잘록하게 들어가며 밑으로 처진다. 괴화(槐花) 꽃이 피기 전의 꽃봉오리를 괴미(槐米)라고 하며, 열매를 괴실(槐實)이라 하는데, 모두 약용한다.

　　회화나무는 우리 선조들이 최고의 길상목(吉祥木)으로 손꼽아 온 나무이다. 이나무를 집안에 심으면 가문이 번창하고 큰 학자나 큰 인물이 난다고 하였다. 또 이 나무에는 잡귀신이 범접을 못하고 좋은 기운이 모여든다고 하였다. 그런 까닭에 우리 선조들은 이 나무를 매우 귀하고 신성하게 여겨 함부로 아무 곳에나 심지 못하게 했다. 회화나무는 고결한 선비의 집이나 서원, 절간, 대궐같은 곳에만 심을 수 있었고 특별히 공이 많은 학자나 관리에게 임금이 상으로 내리기도 했다. 모든 나무 가운데서 으뜸으로 치는 신목(神木)이다.

2) 채취시기 및 사용부위

괴미는 꽃이 직전 꽃봉오리를 채취하여 그늘에서 말려 사용하며, 괴화는 꽃이 벌어지기 바로 전에 따서 말려 두었다가 약으로 쓰고 열매는 완전히 익은 다음 채취하여 햇볕에 말린 다음 약재로 쓴다.

3) 효능 및 사용법

괴화는 동맥경화 및 고혈압에 쓰고 맥주와 종이를 황색으로 만드는 데 쓴다. 괴실은 가지 및 나무껍질과 더불어 치질치료에 쓴다. 꽃 피기 전의 봉우리를 괴미라고 부르는데 그 모양이 쌀을 닮았기 때문이다. 회화나무 꽃에는 꿀이 많아 벌들이 많이 모여들고, 회화나무 꿀은 꿀 중에서 제일 약효가 높다고 한다. 회화나무 꿀은 특히 항암효과가 높은 것으로 알려져 있다. 괴화는 혈압을 낮추는 것 말고도 지혈, 진정, 소염 등의 작용이 있어 토혈, 대하, 임파선염, 치질, 이질, 피부병의 치료약으로 쓴다.

1009

황기

- **생약명** : 황기(黃芪)　• **채취부위** : 뿌리　• **개화기** : 7~8월
- **약성** : 성질은 차고 맛은 쓰다.
- **효능** : 강장, 지한, 이뇨, 소종

1) 식물의 생태

　　황기는 장미목 콩과 여러해살이풀로서 산지의 바위틈에서 잘 자라고, 키는 1m 정도이며 전체에 잔털이 있다. 잎은 깃털 모양인데 6~11쌍의 소엽으로 달걀꼴의 긴 타원형이고 가장자리는 밋밋하다. 꽃은 담황색으로 7~8월에 피며, 열매는 타원형이고 11월에 결실하며 길이는 2~3cm이다.

2) 채취시기 및 사용부위

황기는 뿌리를 주 약재로 쓰는데 잎이 지고 난 가을부터 이른 봄 사이에 채취하여 노두(蘆頭)와 잔뿌리를 제거하고 햇볕에 말린 것을 약재로 쓴다.

3) 효능 및 사용법

한방에서는 뿌리를 완화, 강장, 지한제로 쓴다. 강장, 지한, 이뇨, 소종 등의 효능이 있어 신체허약, 피로권태, 기혈허탈, 탈항, 식은땀, 말초신경 등에 처방한다.

황기는 한방에서 단너삼이라고 하는데, 기를 보하고 땀나는 것을 멈추며 오줌을 잘 누게 하고 고름을 없애며 새살이 잘 돋아나게 하는 데 아주 뛰어난 효험을 보이는 좋은 약재이다. 약리실험에서도 강장작용, 면역기능 조절작용, 강심작용, 이뇨작용, 혈압낮춤작용과 염증을 없애는 데 뛰어난 효과가 있는 것으로 밝혀졌다.

한 번에 10~15g 정도를 달여서 복용하거나, 가루약으로 혹은 알약을 만들어 복용하고, 별갑이라고 하는 자라등딱지나 백선뿌리껍질을 섞어 쓰면 약효가 떨어진다.

늘 피곤해하면서 말하기도 싫어하고 움직이면 숨이 차며 저절로 땀이 나고 가슴이 답답하면서 불안해하는 데, 오랜 설사, 체질이 허약하여 저절로 땀이 나는 데, 노인성 부종, 만성간염, 만성신장염 등 기혈이 부족한 일반 병증에 아주 좋은 효험이 있다. 토종닭이나 오리와 같이 푹 고아서 먹으면 원기 회복에 아주 좋고 여름철 몸보신에 좋은 약재이다.

산야초 관련 활동 화보

산야초 활용법, 효소 담그는 법 강의

▲ 산야초 산행 중 사진촬영(경북 영천)
◀ 약초학교 학생들과 야외학습
　줄풀 채취(경북 군위)

웰빙산야초 회원들과 산야초 탐방(경북 청송)

웰빙산야초 회원들과 약초 탐방(칡 채취)

웰빙산야초 회원들과 산야초 탐방(경북 청송)

▲ 경북 봉화 고랭지 약초시험장 탐방

▲ 경북 의성 신물질연구소 탐방

▼ 웰빙산야초 회원들과 홍경농장 방문(산삼축제)

▲ 웰빙산야초 회원들과 홍경농장 방문(산삼축제)

▼▲ 강원도 정선 함백산 겨울약초 탐방

산야초 종류

백복령(약 12kg)

적하수오

말벌집

운지

참고문헌

- 원색 도감 한국의 수목(김태욱, 교학사)

- 원색 한국 식물도감(이영노, 교학사)

- 알기 쉬운 동의보감(송효정, 국일미디어)

- 건강식물의 효능과 이용(성환길 · 장광진 · 변성애, 문예마당)

- 향약집성방(일월서각)

- 중약대사전(상해 과학 기술 출판사)

- 신씨본초학(신길구, 수문사)

- 한국의 야생식물(고경식 · 전의식, 일진사)

- 약용식물 대사전(장광진 옮김, 동학사)

- 산야초 동의보감(장준근, 아카데미북)

- 약초산행(최진규, 김영사)

- 산속에서 배우는 몸에 좋은 식물(솔뫼, 그린 출판사)

- 이럴 땐 이런 약초(장광진 · 성환길, 푸른행복)

- 8체질학 혁명(하한출, 디프넷)

- 자연치유의학(박금실 이호선, 이트하우스)

- 내 몸의 병 내가 고친다(김홍구, 플러스마인드)

- 한방건강약술(장원동, 아카데미북)

- 네이버백과사전

- 기타 각종 인터넷 웹사이트

김동해(金東海)

—

1958년 12월 15일생
1977년 2월 진주대동기계공업고등학교 기계과 졸업
2008년 2월 현중기술대학 기전공학 졸업
2009년 2월 한국평생교육원 기계공학(기계공학사) 졸업
1982년 9월~현재 현대중공업 고압가스 안전관리책임자 재직 중

—

가스기능장
배관기능장
보일러기능장
위험물 안전관리자
일반판금 기능사
방화관리자 1급
한국약용식품관리협회 약용식품지도사
벌침건강관리사 2급 지도사
대구한의대학교 한방약술전문가 1급
영산대학교 평생교육원 웰빙산야초 외래교수
현대예술관 "웰빙한방약술" 강좌 교수
한국산업인력관리공단국가기술자격검정 감독위원
웰빙산야초마을 약초동호회 회장

🔺 네이버 "웰빙산야초마을" 카페지기

카페주소_http://cafe.naver.com/kdh3183000/

E-mail_kdh318300@naver.com
2349369@hanmail.net

약초인의 **필독서**

산야초 150가지 수록

산야초
가정백과

초판 1쇄 발행   2012년 03월 02일
초판 13쇄 발행   2023년 07월 31일

지은이   김동해
펴낸이   채종준
기 획   강태우
편집디자인 김은정
표지디자인 박능원

펴낸곳   한국학술정보(주)
주소   경기도 파주시 회동길 230 (문발동 513-5)
전화   031) 908-3181(대표)
팩스   031) 908-3189
홈페이지   http://ebook.kstudy.com
E-mail   출판사업부 publish@kstudy.com
등록   제일산-115호(2000.6.19)

ISBN   978-89-268-3124-3 03480 (Paper Book)
          978-89-268-3125-0 08480 (e-Book)

이담
Books 는 한국학술정보(주)의 지식실용서 브랜드입니다.